GERD LUDWIG

KATZEN BASICS

Alles, was Katzenhalter wissen müssen

GERD LUDWIG

KATZEN BASICS

Alles, was Katzenhalter wissen müssen

INHALT

◆

118 JOBS & SPIELE

◆

DIE GU-QUALITÄTS-GARANTIE

Wir möchten Ihnen mit den Informationen und Anregungen in diesem Buch das Leben erleichtern und Sie inspirieren, Neues auszuprobieren. Bei jedem unserer Produkte achten wir auf Aktualität und stellen höchste Ansprüche an Inhalt, Optik und Ausstattung. Alle Informationen werden von unseren Autoren und unserer Fachredaktion sorgfältig ausgewählt und mehrfach geprüft. Deshalb bieten wir Ihnen eine 100 %ige Qualitätsgarantie.

Darauf können Sie sich verlassen:
Wir legen Wert auf artgerechte Tierhaltung und stellen das Wohl des Tieres an erste Stelle. Wir garantieren, dass:
- alle Anleitungen und Tipps von Experten in der Praxis geprüft und
- durch klar verständliche Texte und Illustrationen einfach umsetzbar sind.

Wir möchten für Sie immer besser werden:
Sollten wir mit diesem Buch Ihre Erwartungen nicht erfüllen, lassen Sie es uns bitte wissen! Nehmen Sie einfach Kontakt zu unserem Leserservice auf. Sie erhalten von uns kostenlos einen Ratgeber zum gleichen oder ähnlichen Thema. Die Kontaktdaten unseres Leserservice finden Sie am Ende dieses Buches.

GRÄFE UND UNZER VERLAG
Der erste Ratgeberverlag – seit 1722.

WUNSCHKIND

KEINE FRAGE –
EINE KATZE MUSS ES SEIN

Mehr als acht Millionen Katzen gibt es bei uns. Ein Leben ohne?
Für die meisten Katzenhalter unvorstellbar. Und immer mehr Menschen
verfallen dem Charme der eigenwilligen kleinen Persönlichkeiten.

MIT HERZ & VERSTAND

KLEINE FLUCHTEN UND EINE KATZE

Hektisch, unpersönlich und vernunftbetont – so ist unser Alltag leider viel zu oft.
Kleine Fluchten sind da wahre Jungbrunnen für die Seele. Heimtiere geben uns all das,
was uns guttut: Nähe und Wärme, sie spenden uns Kraft und zaubern uns oft allein
durch ihre Anwesenheit ein Lächeln auf die Lippen.

EIN BISSCHEN LIEBE WÄRE TOLL

Der Hund ist eine treue Seele. Er geht für seinen Besitzer durchs Feuer, ist ein verlässlicher Begleiter im Alltag und ein aufmerksamer Partner bei vielen Freizeitaktivitäten. Bei der Katze tut man sich schwerer auf der Suche nach »handfesten« Gründen, die für den Kauf sprechen. Der Wunsch, sein Leben mit ihr zu teilen, ist zuerst einmal Bauchgefühl und Herzenssache. Und das ist vollkommen okay. Weil man sich dort, wo Zuneigung und Liebe ins Spiel kommen, besonders aufmerksam und intensiv kümmert – das perfekte Fundament für eine glückliche Beziehung zwischen Katze und Mensch.

MOST WANTED: TRAUMKATZE

Ganz klar, jeder Katzenhalter in spe macht sich ein Bild davon, wie seine Wunschkatze sein soll. Das setzt sich aus Gewohnheiten, Vorlieben und vielleicht auch aus Erfahrungen zusammen, die er schon mit Katzen gemacht hat. Bei Familien steht der Wunsch nach einer Spielgefährtin für die Kids meist ganz oben, für Singles soll es der aktive Stubentiger sein, der Leben in die Bude bringt, oder aber für die Liebesbedürftigen unter uns die Schmusekatze, die zuhören kann und Wärme spendet. Meist erfüllen sich

diese Träume, aber manchmal läuft's in der Realität auch ein bisschen anders. Vor allem in der ersten Zeit gegenseitigen Beobachtens und Beschnupperns kann das Zusammenleben mit der selbstbewussten Mitbewohnerin zu Irritationen und Missverständnissen führen. Das muss aber niemanden verschrecken, der bereit ist, die wichtigsten Ansprüche der Katze zu erfüllen. Und er wird schon nach kurzer Zeit erstaunt feststellen, wie sehr sich die Katze seinem Lebensrhythmus anpasst.

Fühlt sich die Katze wohl, freut sich der Mensch. Ein sichtbar ausgeglichener und relaxter Stubentiger ist der beste Beweis für ein glückliches und katzengerechtes Zuhause.

TYPISCH KATZE

WAS MIEZE MAG – UND WAS NICHT

Was fällt Ihnen spontan zur Katze ein? *Verpennt den halben Tag, ist schmusesüchtig, will ständig raus und rein, mäkelt am Futter herum und schleppt dauernd Mäuse ins Haus.* Okay, ziemlich dicht dran, aber doch nur ein Teil von dem, was Katzen ausmacht.

VEGETARISCH? NEIN, DANKE

Katzen brauchen Fleisch (→ *rechte Seite*)! Wer seinen Stubentiger auf den vegetarischen Trip mitnehmen möchte und ihm ausschließlich Grünkost vorsetzt, spielt mit seinem Leben.

10

NASEWEIS

Katzen sind vorsichtige, aber auch extrem neugierige Wesen. Kaum dass sie sich auf den Beinen halten können, inspizieren die Youngster die Umgebung der Wurfkiste, zur Sicherheit meistens zu zweit oder dritt, und stecken ihr Näschen in jede dunkle Ecke und jeden offenen Schrank.

DO NOT DISTURB

Katzen dösen und schlafen 12 bis 16 Stunden täglich, selten aber mehrere Stunden am Stück, sondern hier ein paar Minuten auf dem Sofa, dort ein Nickerchen unter der Hecke im Garten. Nicht jede Katze reagiert freundlich, wenn sie während ihrer Siesta gestört wird.

SCHMUSEOBJEKT MENSCH

Der vertraute Mensch ist ein begehrter Kuschelpartner. Aber bitte nicht grämen, wenn Ihre Katze nicht übermäßig streichelsüchtig ist: Die individuelle Bandbreite ist groß: Manche Katzen sind Schmusemonster, andere begnügen sich mit flüchtigen Berührungen.

FLEISCH, FLEISCH, FLEISCH!

Katzen ernähren sich vor allem von Fleisch. Die typische Nagerbeute liefert neben hochwertigem Muskelfleisch auch Vitamine, Mineralstoffe, Spurenelemente und Ballaststoffe, die für geregelte Verdauung sorgen. Die Katze braucht viel mehr tierisches Eiweiß als wir. Menschliche Nahrung im Fressnapf führt zu Wachstums-, Fell- und Hautproblemen und anderen Mangelerscheinungen. Hundefutter ist ebenfalls tabu. Ihm fehlt neben Eiweiß auch Fett.

ZIEMLICH BESTE FREUNDE

Freundschaften zwischen Katzen, die gemeinsam unter einem Dach wohnen, halten oft ein Leben lang. Man kuschelt zusammen und assistiert sich bei der Fellpflege. Der Körperkontakt entspannt und vermittelt Geborgenheit.

MÖBELRÜCKEN MAG ICH NICHT

11

Im Haus und Revier achten Katzen argwöhnisch darüber, dass alles so bleibt, wie es ist. Diese konservative Einstellung macht Sinn: Im Freiland kann jede noch so kleine Veränderung Gefahr bedeuten. Oft erregt schon das Verschieben des Sofas das Missfallen der Katze.

SPIELERNATUR

Im Spiel erproben Jungkatzen ihre Kampf- und Jagdtechniken. Obwohl es dabei oft hoch hergeht, kommt es fast nie zu Verletzungen. Bei den Kampfspielen der Wurfgeschwister zeigt sich schon früh, wer später einmal das Sagen hat oder im Zweifelsfall lieber klein beigibt.

ANATOMIE & SINNE
PROFIL EINER PERFEKTEN JÄGERIN

Der Katzenkörper ist ein Wunder an Kraft und Beweglichkeit. Dazu
Hochleistungsaugen, denen keine Bewegung entgeht, und ein messerscharfes
Gehör, das selbst leisestes Mäusegetrippel punktgenau ortet. Fertig
ist die begnadete Jägerin, die sich in allen Lebenslagen behaupten kann.

12

DURCHBLICK IN DER DÄMMERUNG

Das Katzenauge bringt alles mit, was man braucht, um
spätabends und am frühen Morgen auf die Pirsch zu gehen.
Seine eingebaute Blendenautomatik sorgt dafür, dass sich
die Pupille im Dämmerlicht öffnet und im hellen Tageslicht
zum Schlitz zusammenzieht. Das *Tapetum lucidum,* eine
Kristallstruktur im Augenhintergrund, reflektiert einfallendes Licht und wirkt dadurch wie ein Restlichtverstärker.
Ergebnis: Katzen sehen im Halbdunkel sechsmal besser als
wir. Ansonsten reagieren ihre Augen in erster Linie auf
Bewegungen, was Sinn macht, wenn es etwa gilt, ein vorbeihuschendes Mäuschen im Blick zu behalten. In puncto
Sehschärfe hingegen kann das Katzenauge mit unserem
nicht konkurrieren. Ebenso wenig wie beim Farbensehen,
das für ein dämmerungsaktives Tier aber auch keine besondere Bedeutung hat.

*Ganz Auge: Katzen orientieren sich vor allem optisch und gehen
selbst im Dämmerlicht erfolgreich auf die Jagd (links). Eindrucksvoll: Raubtiergebiss mit den großen Eck- oder Fangzähnen (rechts).*

MIT RICHTANTENNEN AUF HORCHPOSTEN

Die Ohren der Katze nehmen Töne bis zu einer Frequenz
von 70.000 Hertz wahr (Mensch maximal 20.000 Hertz).
Auch die leisen Stimmfühlungslaute, mit denen ihre Lieblingsbeutetiere miteinander Kontakt halten, entgehen ihnen
nicht. Die Ohrmuscheln sind ideale Richtantennen, mit
denen sich Geräusche exakt orten lassen. Trotz ihres sensiblen Gehörs können Katzen auch in lauter Umgebung entspannt Siesta halten. Funktionsspezifische Taubheit nennen
die Wissenschaftler diese Fähigkeit. Oder einfacher: Katzen
sind in der Lage, ihre Ohren auf Durchzug zu stellen.

ARTISTISCHE KÖRPERBEHERRSCHUNG

Katzen haben ihren Körper jederzeit unter Kontrolle, auch im Sprung. Beim Absprung dosieren die kräftigen Hinterbeine den Schub exakt so, wie er für die perfekte Landung nötig ist. In der Luft arbeitet der Schwanz als Hilfssteuer und verhindert, dass die Flugshow aus der Balance gerät. Dank ihrer dicken Sohlenpolster landet die Katze weich und rutscht auch auf glatten Böden nicht weg.

ZÄHNE MIT DER »LIZENZ ZUM TÖTEN«

Katzen kommen zahnlos zur Welt, ihre Milchzähne sind nach ca. sechs Wochen komplett. Der Zahnwechsel zum Dauergebiss mit 30 Zähnen vollzieht sich bis zum 8. Monat. Die Katze ist ein Raubtier und hat das passende Gebiss: Die großen, leicht gebogenen Eckzähne packen die Beute und töten sie per Nackenbiss. Typisch für Raubtiere ist die sogenannte Brechschere, die vom letzten Vorbackenzahn im Oberkiefer und dem Backenzahn im Unterkiefer gebildet wird. Mit ihr schneidet die Katze Fleischstücke aus der Beute. Die winzigen Schneidezähne, je sechs im Unter- und Oberkiefer, helfen bei der Pflege und knacken Flöhe und andere Schmarotzer. Zum Zermahlen von Nahrung eignet sich das Gebiss der Katze nicht.

SUPERNASE UND SUPERSENSIBLE TASTHAARE

Obwohl die Katze kein ausgesprochenes Nasentier wie der Hund ist, spielen Gerüche in ihrem Leben eine elementare Rolle, speziell in der Kommunikation untereinander, wie bei Begegnungen mit Artgenossen und im Sexualverhalten. Die Nase analysiert auch Duftbotschaften anderer Katzen.

Wenn es stockfinster ist, kann auch eine Katze nichts mehr sehen. Jetzt kommen ihr Schnurrbart und die anderen großen, Vibrissen genannten Tasthaare zum Einsatz. Die hochempfindlichen Haare nehmen kleinste Berührungen wahr und stellen sicher, dass die Nachtwandlerin nirgends aneckt oder in einem Durchgang stecken bleibt.

EIN MANTEL FÜR JEDES WETTER

Mit seinen wasserabweisenden Deckhaaren und den Wollhaaren darunter schützt das Katzenfell vor Kälte, Nässe und Wind, aber auch vor Verletzungen der Haut. Und selbst während der Sommermonate spielt der Katzenpelz eine wichtige Rolle: Bei großer Hitze speichelt die Katze ihr Fell mit der Zunge ein. Die Verdunstungskälte des Speichels sorgt für spürbare Abkühlung und schützt vor Hitzschlag.

DIE LANDKARTE IM KATZENKOPF

Für die Katze ist die tägliche Revierkontrolle Pflicht. Hier kennt sie jeden Busch und Stein und würde sich selbst mit geschlossenen Augen zurechtfinden. Das Geheimnis der phänomenalen Mnemotechnik verbirgt sich im Katzen-

Tiefflug mit Punktlandung: Die Ausgleichsbewegungen des Schwanzes sorgen im Sprung dafür, dass Mieze nicht die Balance verliert und sicher landet.

13

kopf: Hier gibt es quasi eine audiovisuelle Landkarte. Auf ihr sind neben Struktur und Topografie des Geländes auch markante Geräusche verzeichnet, etwa das Läuten des Kirchturms oder der Verkehrslärm einer Hauptstraße. Der Datenspeicher erlaubt es der Katze, aus Entfernungen von bis zu zwölf Kilometern nach Hause zu finden. Bei größerer Distanz hilft das Navi im Katzenkopf nicht, weshalb Geschichten von Katzen, die über Hunderte von Kilometern heimfanden, meist nicht der Wahrheit entsprechen. Auch Wohnungstiger inspizieren ihr überschaubares Revier und reagieren verwirrt, wenn ihr Halter die Möbel umstellt.

KATZENSPRACHE

BODY, MIMIK UND MUNDWERK

Die Katze ist ein »Augentier« wie wir. Während wir uns aber eher aufs gesprochene Wort
verlassen, hat für sie die Körpersprache ganz besondere Bedeutung.
Um jedoch in jeder Lebenslage richtig verstanden zu werden, müssen auch Katzen
manchmal den Mund aufmachen. Oder sie lassen Düfte sprechen.

»KÄTZISCH« FÜR ANFÄNGER

»Körpersprache« darf man wörtlich nehmen. Katzen sprechen tatsächlich mit jeder Körperpartie: mit Kopf- und
Körperhaltung, mit Beinen, Schwanz und Fell. Die Signale
sind auch auf größere Entfernung gut zu erkennen, während Lautzeichen eher der Verständigung im Nahbereich
dienen. Das gilt auch für die Mimik. Gesichtsausdruck und
Pupillengröße verraten die Stimmung der Katze. Fast
immer ergänzen sich Körper- und Lautsprache und signalisieren dem Adressaten unmissverständlich, was Sache ist.

....

/// SCHON GEWUSST? ///

....

ANSTARREN IST UNHÖFLICH

Wenn Ärger ins Haus steht, fixiert die Katze ihren Kontra-
henten. Ansonsten setzt sie den Augenkontakt höchstens
beim Imponieren ein, quasi der Droh-Vorstufe. In fast allen
anderen Situationen schaut man höflich zur Seite. Das gilt
auch gegenüber dem Menschen. Nur Stubentiger, die mit
ihrem Halter sehr vertraut sind, blicken ihm manchmal für
Sekundenbruchteile ins Gesicht oder blinzeln ihn an.

....

* **Alles easy!** Freundliches Gesicht, Körper aufgerichtet,
Kopf erhoben, Schwanz bewegungslos: Die Katze fühlt sich
wohl und sicher und ist völlig entspannt.
* **Was ist denn das?** Augen und Ohren sind auf ein Objekt
gerichtet, das entweder besonders interessant oder der
Katze nicht ganz geheuer ist. Dabei bleibt sie meist für längere Zeit bewegungslos stehen.
* **Willst du dich mit mir anlegen?** Die Katze präsentiert
ihre Breitseite und sträubt Rücken- und Schwanzhaare, um

Früh übt sich …
Selbst die Jüngsten
proben schon den
Katzenbuckel, um
mögliche Gegner zu
beeindrucken und zu
vertreiben. Was aber
nicht immer klappt.

Du und ich! Mit Flankenreiben und Köpfchengeben signalisiert die Katze Artgenossen und auch dem Menschen ihre Zuneigung. Dabei überträgt sie Duftstoffe, die den Partner (aber auch Gegenstände) als ihren Privatbesitz markieren.

groß und stark zu wirken. Nicht selten zeigt das Wirkung: Der Gegner macht sich aus dem Staub, ein Kampf und mögliche Verletzungen werden vermieden.

◈ *Letzte Warnung!* Drohendes Grollen, erstarrte Körperhaltung, fixierender Blick und nach hinten gedrehte Ohren räumen jeden Zweifel aus: Mit dieser Katze ist nicht gut Kirschen essen. Hier hilft nur der geordnete Rückzug.

◈ *Lass uns spielen!* Auf steifen Beinen, mit seitlich versetztem Körper und zur Seite gelegtem Schwanz hoppelt die Katze vor Ihnen her. Die lustige Hüpfaktion stammt aus dem Sexualverhalten und nennt sich Kokettierflucht. Dabei läuft die Kätzin vor ihrem Freier her, hält aber ab und zu inne, um sich zu vergewissern, dass er ihr auch folgt.

◈ *Mann, hab ich Angst!* Die Katze ist fast starr vor Schreck, kauert am Boden, dreht die Ohren zur Seite, senkt den Kopf und wendet den Blick ab. So signalisiert sie, dass sie klein beigibt und von ihr keine Gegenwehr zu erwarten ist.

DUFTMARKEN UND SICHTZEICHEN

Katzen markieren ihren Besitz mit Duftstoffen aus Drüsen, die an Kopf, Flanken und im Afterbereich sitzen. Dazu reiben sie diese Körperstellen regelmäßig am Wohnungsinventar, an befreundeten Artgenossen – es darf auch ein vertrauter Hund sein – und an ihrer menschlichen Familie.

Unübersehbare Handschrift

Krallenwetzen hält die Vielzweckwaffen in Form. Zugleich dient es der Nachrichtenübermittlung, wenn Katzen ihre Krallen an Bäumen, Pfosten und anderen senkrechten Objekten schärfen. Hat hier schon die Konkurrenz Spuren hinterlassen, streckt man sich so hoch wie möglich, um die Botschaft weit oben abzusetzen. Krallenwetzen hat auch Imponiercharakter: Schauen Artgenossen zu, versucht die Katze Stärke zu demonstrieren und bearbeitet das Holz so heftig, bis ihr die Splitter um den Kopf fliegen.

Das Reich der Düfte

Köpfchengeben und Flankenreiben und die damit verbundene Geruchsübertragung sind kätzische Automatismen, die sich ständig, überall und im Vorbeigehen wiederholen. Im Revier hingegen setzt die Katze Duftmarken ebenso wie Sichtzeichen gezielt an strategisch wichtigen Geländepunkten ab, wo sie ihren Artgenossen nicht verborgen bleiben.

Finger weg, das ist meins!

Harnspritzen ist ein beliebtes Mittel, um die Besitzansprüche eines Revierinhabers nachhaltig zu dokumentieren. Dazu stellt sich der nicht kastrierte Kater mit dem Hinterteil vor eine Wand oder einen Baum und spritzt den Harn dagegen. Die Duftbotschaft übersteht selbst Regengüsse. Zum Glück bleibt die Wohnung normalerweise »spritzfreie Zone«. Unsere Nase empfindet den Geruch nämlich nicht gerade als angenehm.

Dufte Visitenkarte für Auswärtige

Kotmarken haben eine ähnliche Signalwirkung wie Harnspritzen. Ausnahmsweise verscharrt die sonst auf Sauberkeit bedachte Katze ihr Geschäft nicht und platziert es an markanten Stellen, vorwiegend an den Reviergrenzen.

NICHT AUF DEN MUND GEFALLEN

Anders als in der Körpersprache gibt es große individuelle Unterschiede, wenn sich Katzen zu Wort melden. Wer mehrere Tiere hält, erkennt seine Lieblinge, auch ohne hinzusehen, allein an ihrem persönlichen Dialekt. Lautäußerungen spielen bei Katzen im Sexualverhalten eine Rolle und immer dort, wo Zoff angesagt ist. Wer kennt nicht das nervige Jammern heißer Katzendamen, die nächtlichen Gesangseinlagen ihrer liebestollen Verehrer oder den Verbalkrieg zwischen verfeindeten Katzen, die sich fauchend, kreischend und spuckend die Meinung geigen.

Im Zwiegespräch mit dem Menschen ist Miau in den unterschiedlichsten Variationen die häufigste Vokabel, mit der Katzen ihre Ansprüche anmelden. Der Laut geht zurück bis zu den Tagen in der Wurfkiste, wo das klägliche Miauen der Kitten in Windeseile Mama auf den Plan ruft. In der Beziehung zum Menschen behält die Katze diesen Kleinkindstatus bei. Was eignet sich da besser, als ihm mit einem fordernden oder klagenden Miau Beine zu machen und ihn zum Streicheln oder zur Leckerbissen-Spendenaktion zu animieren?

Ein lockeres Mundwerk ist übrigens auch ein Indiz für die Bindung der Katze an ihren Menschen: Je mehr sie ihm vertraut, desto häufiger setzt sie ihre Stimme ein.

....

/// *INFO* ///

....

Schnurren ist typisch Katze, das weiß jeder. Nur wie der merkwürdige Dauerton erzeugt wird, wusste lange Zeit niemand. Heute geht man davon aus, dass dafür schnelle Kontraktionen der Kehlkopfmuskeln verantwortlich sind. Hauskatzen und andere Kleinkatzen schnurren beim Ein- und Ausatmen, Großkatzen wie Löwe und Tiger nur beim Ausatmen. Schnurren signalisiert Zufriedenheit und Wohlbefinden, dient aber auch der Beschwichtigung.
Meckern hört man eine Katze, wenn sie ein unerreichbares Beutetier im Visier hat, etwa einen Vogel vor dem geschlossenen Fenster. Mit leicht geöffnetem Mund produziert sie dabei in schneller Folge relativ leise, keckernde Töne.

....

17

Nachrichtenzentrale: Krallenwetzen dient der Pflege der Krallen. Zugleich übermittelt die Katze dabei aber auch Botschaften für ihre Artgenossen.

GRÜNES LICHT

FÜR UNSERE TRAUMKATZE

Liebe kommt manchmal schneller als ein Wimpernschlag. Angesichts knuddeliger
Katzenkinder kann es jeden treffen. Zum Spontankauf dürfen diese Gefühle
nicht verführen. Klären Sie die wichtigsten Punkte der Haltung, Pflege und Versorgung,
bevor Sie auf Traumkatzensuche gehen. Nur so sind Sie gegen Katzenjammer gefeit.

CHECKLISTE ABARBEITEN

Die Familie, der Lebenspartner, die Mitbewohner: Wenn
eine Katze ins Haus kommt, geht das alle an. Eine einsame
Entscheidung ohne vorherige Rücksprache sorgt für Ärger.
Und wird letztlich auf dem Rücken der Katze ausgetragen.

Wer macht was?

Klären Sie jetzt, wer für die neue Mitbewohnerin verantwortlich ist und wer welche Betreuungsjobs übernimmt.

*Wer bist Du denn?
Der Nase-an-Nase-
Kontakt gehört zum
Begrüßungsritual der
Katze. Die Duftprobe
vermittelt ihr erste
Informationen von
ihrem Gegenüber.*

Machen Sie sich auch schon Gedanken darüber, was mit
der Katze passiert, wenn Sie übers Wochenende weg sind
oder Urlaub ansteht. Selbst gute Freunde lassen sich ungern
von heute auf morgen einspannen. Und der Platz in der
Katzenpension muss frühzeitig gebucht werden.

Allergisch auf Katze?

Allergien sind heute weit verbreitet. Das gilt leider auch für
allergische Reaktionen auf Katzen. Im Zweifelsfall bringt
ein Test beim Hautarzt Aufschluss.

Ein Platz für die neue Mitbewohnerin

Wo soll der Katzenkorb stehen, wo Fress- und Trinknapf,
wo die Toilette? Gibt es genug Platz für den Kratzbaum?
Darf die Katze später ins Freie oder auf den Balkon? Dann
muss man Katzenklappe und Schutznetze einplanen.

Katze zur Miete

Wer in einer Mietwohnung wohnt, darf eine Katze halten.
Dieses Recht gehört zum allgemeinen Wohngebrauch und
kann vom Vermieter nicht pauschal untersagt werden (→
Katze im Recht, Seite 38). Trotzdem: Sprechen Sie vor dem
Kauf der Katze mit ihm, um späteren Ärger zu vermeiden.

Money, money ...

Auch wenn die Katze kein großes Loch ins Portemonnaie reißt, ist eine Kostenaufstellung sinnvoll. Zu den laufenden Ausgaben für Futter und Streu kommen Ausstattung und Zubehör, Gesundheitscheck und Impfungen beim Tierarzt, eventuell Behandlungskosten bei Krankheit oder Unfall und Rechnungen von Katzenpension oder Catsitter.

ANPASSEN OKAY – ANSPRÜCHE AUFGEBEN NIE

Die Katze passt sich den unterschiedlichsten Bedingungen an. Verblüffend für ein Tier, das seine Aktivitäten normalerweise mit keinem abstimmt. Doch sie stellt auch Forderungen, auf die man eingehen muss, soll die Freundschaft keinen Knacks bekommen. Dazu zählen in erster Linie die eigene Privatsphäre und ein geregelter Tagesablauf mit festen Terminen für Mahlzeiten und Spielstunden.

DEN MUTIGEN GEHÖRT DIE WELT

Ob sich ein tapsiges Kätzchen später zum Draufgänger, zum stillen Beobachter oder zur Schmusekatze entwickelt, kann man oft schon am Verhalten der Wurfkisten-Crew erkennen: Nähert sich ein fremder Mensch, verdrücken sich manche Jungen in die hinterste Ecke, während andere den Besucher furchtlos mit hoch gerecktem Schwänzchen begrüßen. Die Rambos sind auch bei wilden Kampfspielen immer dort, wo es voll zur Sache geht, ihre sensibleren Geschwister bleiben lieber an Mamas Seite.

....

/// *INFO* ///

....

Die Katze ist unabhängig und nicht so anspruchsvoll wie der Hund. Hört man oft, wird deswegen aber nicht richtiger. Katzen stellen Ansprüche. Etwa an den geregelten Tagesablauf oder an die Bereitschaft des Halters, sich nicht nur um ihr leibliches, sondern auch ums seelische Wohlbefinden zu kümmern. Wer in der Katze ein Wohnungsaccessoire sieht, ist schnell mit seinem Latein am Ende. Die Tierheime können ein Lied singen von Menschen und Katzen, die einen echten Beziehungsfehlstart hingelegt haben.

....

Sechs Fragen an den Katzenfreund. Mit der Bitte um ehrliche Antworten! Wer sich selbst etwas vormacht, bereut es meist schon bald.

EIGNUNGSTEST FÜR KATZENHALTER

1 Kann ich genügend Zeit aufbringen, um mich über viele Jahre regelmäßig und intensiv um eine Katze zu kümmern?

2 Bin ich bereit, meine Wohnung so umzugestalten, dass sie die Ansprüche der Katze erfüllt? Kann ich mit Katzenhaaren auf Sofa und Sesseln leben?

3 Bleibt die Katze nicht länger als vier Stunden täglich allein? Komme ich zu festen Zeiten nach Hause und verspäte mich nur selten?

4 Verzichte ich schon einmal auf einen Wochenendtrip, wenn sich keiner für die Betreuung meiner Katze findet?

5 Kann und will ich alle Kosten übernehmen, die bei der Haltung einer Katze anfallen?

6 Gibt es in meinem Umfeld Menschen, die sich um die Katze kümmern können, wenn ich selbst dazu nicht in der Lage bin?

AUF ALLE FRAGEN SOLLTE IHRE ANTWORT »JA« LAUTEN. BEREITS EIN »NEIN« IST LEIDER EIN »NEIN« ZU VIEL.

19

WAHLTERMIN

WELCHE KATZE PASST ZU MIR?

Theorie ist gut, Praxis besser: Beobachten Sie die Katzen von Verwandten
und Freunden in ihrem gewohnten Umfeld und lassen sich erzählen, was das Leben mit
Katze mit sich bringt. Wie viel Zeit können Sie für Mieze reservieren?
Speziell Jungtiere brauchen viel Zuwendung. Für berufstätige Singles eine große Hürde.

20

Schon das Füttern der jungen Katze kostet Zeit: Ein drei bis vier Monate altes Kätzchen braucht täglich fünf Mahlzeiten.

JUNGES BLUT ODER KATZE MIT GESCHICHTE?

Miterleben, wie sich das tollpatschige Katzenkind zu einer selbstbewussten Katze entwickelt – davon träumen viele Katzenfreunde. Ein Kätzchen, das mit 12 bis 16 Wochen ins Haus kommt, geht eine besonders enge Bindung mit seinem Halter ein, erfordert aber auch viel Zeit, Geduld und Engagement. Vor allem in den ersten Wochen. Allein lassen kann man die Kleine in diesem Lebensabschnitt nicht.

Die erwachsene Katze hat sämtliche Höhen und Tiefen der Kinder- und Jugendtage inklusive Rowdyzeit hinter sich, ist zuverlässig stubenrein und weiß, was sie will. Nicht immer aber ist ihre Vorgeschichte lückenlos bekannt, was zu Problemen führen kann, wenn die neue Mitbewohnerin auf alten Gewohnheiten beharrt.

FRAU KATZE ODER HERR KATER?

Die meisten Kätzinnen sind immer dort, wo etwas los ist, und interessieren sich für alles und jeden. Sie sind liebevoll, verschmust und oft besonders mitteilsam. Für viele Katzenfreunde geben Nähe und Anhänglichkeit den Ausschlag, sich für eine Kätzin zu entscheiden. Wen diese ständige Präsenz überfordert, kommt mit einem Kater besser klar. Er mag es ruhiger, muss nicht überall dabei sein und geht oft seiner eigenen Wege. Schmusen? Gern, doch alles zu seiner Zeit. Da Katzen ausgemachte Individualisten sind, gibt es natürlich aber auch Kätzinnen, die auf Distanz gehen, ebenso wie auch total verschmuste Kater.

EINE KATZE DER BESONDEREN KLASSE?

Das Aussehen einer Rassekatze wird im Rassestandard festgelegt, der unter anderem Vorgaben für Struktur, Farbe und Zeichnung des Fells macht. Trotz der Persönlichkeitsunterschiede zwischen den Rassen – von den bedächtigen Persern bis zu den lauten und quirligen Siam – verhalten sich die Rassekatzen wie ganz normale Hauskatzen.

....
/// SCHON GEWUSST? ///
....

TAUB, ABER NICHT SPRACHLOS

Ein Mensch, der ohne Hörvermögen zur Welt kommt, lernt nicht sprechen, weil dazu die Rückmeldung über das Gehör nötig ist. Taube Katzen haben damit kein Problem, sie können sich ebenso gut verständlich machen wie ihre normal hörenden Artgenossen.

....

NEUE HEIMAT FÜR ÄLTERE SEMESTER?

Etwa ab dem 8. bis 9. Lebensjahr kommt eine Katze in die Jahre. Für den Halter erkennbare Alterssymptome wie ein größeres Ruhebedürfnis und nachlassende Beweglichkeit treten meist aber erst viel später auf. Die ältere Katze hat feste Gewohnheiten und entwickelt häufig ein besonders inniges Verhältnis zu ihrem Lieblingsmenschen. Veränderungen in ihrer vertrauten Umgebung mögen die Oldies ebenso wenig wie Störungen im vorprogrammierten Tagesablauf. Katzen werden heute nicht selten 18 Jahre und älter. Es liegen also noch viele glückliche gemeinsame Jahre vor Ihnen und der Seniorin Ihrer Wahl.

WARUM NICHT IM DOPPELPACK?

Wer mit zwei Jungkatzen aus einem Wurf ins Katzenleben startet, muss sich über den Haussegen keine Sorgen machen: Die beiden verstehen sich meist bestens. Zieht hingegen die zweite Katze erst später ein, reagiert die alteingesessene verständlicherweise nicht immer freundlich, weil sie ihre Vorzugsstellung gefährdet sieht. Ein Kätzchen wird in der Regel akzeptiert, mit dem erwachsenen Neuzugang kann es Ärger geben, weniger bei den Herren, sehr viel mehr bei den Damen.

Zwei Katzen entlasten den Halter. Er muss nicht immer zur Stelle sein, die beiden sorgen selbst für beste Unterhaltung. Die zusätzlichen Kosten für Ausstattung, Futter und den Tierarzt halten sich in Grenzen.

Zwei, die sich zum Fressen gern haben: Für Langeweile bleibt keine Zeit, wenn Wurfgeschwister miteinander aufwachsen.

EIN KÄTZCHEN IST MEIN GRÖSSTER TRAUM

Während meiner Kinderzeit hatten wir immer mindestens eine Katze. Aber dann sind wir vom Land nach Frankfurt gezogen, leider in die Nähe einer Hauptstraße, wo es zu gefährlich war, einer Katze Auslauf zu gestatten. Also keine Katze mehr. Nachdem die Mieter im Haus meiner Eltern Anfang des Jahres ausgezogen sind und eine ganze Etage frei wurde, habe ich jetzt mein eigenes Reich. Genau der richtige Platz für eine junge Katze! Das ist mein größter Traum. Wie die Wohnung aussehen muss, damit die Kleine glücklich wird, habe ich längst bis ins Detail geplant. Raus darf sie beim dichten Verkehr vor unserem Haus nicht. Aber auf den Balkon. Zum Frischlufttanken und fürs Sonnenbad.

Dass ich im Moment noch zögere, hat andere Gründe: Während des Semesters komme ich nur selten zu festen Zeiten nach Hause und habe oft auch abends Seminare. Dann müssten meine Eltern sich um die Katze kümmern. Sie haben auch sofort Ja gesagt. Ein besonders gutes Gewissen habe ich trotzdem nicht, wenn ich ihnen den Job einfach so aufs Auge drücke. Aber ich glaube, zusammen packen wir das. Ins Haus holen werde ich die Kleine am Anfang der Semesterferien. Dann kann ich rund um die Uhr für sie da sein.

SINGLES MÜSSEN IMMER EINE PERSON IHRES VERTRAUENS IN PETTO HABEN, DIE SICH UM DIE KATZE KÜMMERT, WENN SIE SELBST NICHT DA SIND.

Lina Cornelsen ist 19 und studiert Sinologie im Bachelor-Studiengang an der Uni Frankfurt. Sie wohnt derzeit noch bei ihren Eltern.

21

BEST OF

RASSE UND KLASSE

Abessinier, Birma, Kartäuser – Rassekatzen erkennt man auf den ersten Blick. Wer die besondere Katze sucht, liegt hier richtig. Im Verhalten unterscheidet sich der Katzenadel aber nicht von ihrer Haus-und-Hof-Verwandtschaft ohne Stammbaum.

ABESSINIER

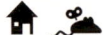

—*AUSSEHEN:* Attraktive Kurzhaarkatze auf langen schlanken Beinen; eindrucksvolle, dunkel umrandete Augen. Neben dem typischen braunen Abessinier-Fell, das mit seinem schwarzen Schimmer besonders elegant wirkt, gibt es weitere Farben.

—*CHARAKTER:* Temperamentvoll, dabei aufmerksam und verspielt.

—*HALTUNG UND PFLEGE:* Freundlich und anhänglich, verlangt viel Zuwendung und verträgt sich gut mit anderen Katzen. Da sie ungern allein bleibt, eignet sich die Abessinier nicht für Berufstätige.

BALINESE

—*AUSSEHEN:* Schlanker Körper, keilförmiger Kopf mit leuchtend blauen Augen, buschiger Schwanz. Halblanges seidiges Fell ohne Unterwolle mit heller Grundfarbe und dunklen Abzeichen (Points).

—*CHARAKTER:* Aktive und sehr freundliche Katze. Im Vergleich mit der Siam, von der die Rasse abstammt, weniger laut und anspruchsvoll. Gilt als eine der intelligentesten Rassekatzen.

—*HALTUNG UND PFLEGE:* Balinesen fordern Nähe und viel Zuwendung und brauchen regelmäßige Beschäftigungs- und Spielangebote.

BIRMA

—*AUSSEHEN:* Stämmig, mit rundlichem Kopf und auseinanderstehenden Ohren, buschiger Schwanz. Kater deutlich kräftiger als die Weibchen. Anerkannt werden nur Tiere mit blauen Augen. Halblanges helles Fell mit dunklen Points. Die Pfotenspitzen der Birma sind immer weiß.

—*CHARAKTER:* Zurückhaltend, sanft und sehr anhänglich.

—*HALTUNG UND PFLEGE:* Verträgt längeres Alleinsein nicht gut. Da das Fell kaum verfilzt, erfordert das Kämmen und Bürsten nicht allzu viel Zeit.

BRITISCH KURZHAAR

🏠

AUSSEHEN: Kompakter Körper mit breiter Brust und relativ kurzem Schwanz auf stämmigen Beinen. Großer, rundlicher Kopf mit kleinen Ohren. Dichtes Kurzhaarkleid, das wegen der voluminösen Unterwolle plüschartig wirkt. Viele Farb- und Zeichnungsvarianten.

CHARAKTER: Freundlich, bedächtig, ruhig und zurückhaltend.

HALTUNG UND PFLEGE: Da ihr Bewegungsbedarf nicht sehr groß ist, eignet sich die BKH gut zur Wohnungshaltung. Viele Tiere gehen auch gern an der Leine. Der Pflegeaufwand ist gering.

KARTÄUSER

 🏠 🌳

AUSSEHEN: Ihr dichtes, einheitlich blaugraues Haarkleid macht die Kartäuser (Chartreux) zu einer auffälligen und unverwechselbaren Rasseschönheit. Kräftiger Körper mit breiter Brust, bernsteinfarbene Augen. Die Kater sind größer und massiger als die Weibchen.

CHARAKTER: Freundlich und sehr umgänglich, dabei zurückhaltend und leise.

HALTUNG UND PFLEGE: Die ruhige und anhängliche Katze lässt sich in der Wohnung halten, trotzt beim Freigang dank ihres dichten Fells aber auch frostigen Temperaturen. Kartäuser sind lernwillig und apportieren gern.

MAINE COON

 🌳 🪮

AUSSEHEN: Zählt zu den größten und kräftigsten Katzenrassen, Kater können bis zehn Kilo schwer werden. Wetterfestes, dichtes halblanges Fell, im Winter mit ausgeprägter Halskrause. Einfarbig weiß, blau rot, schwarz und creme, aber auch viele Farbkombinationen und Muster.

CHARAKTER: Aufmerksam und verspielt, verträgt sich gut mit anderen Katzen. Spricht gern, wobei ihre leise Stimme nie aufdringlich wirkt.

HALTUNG UND PFLEGE: Die unternehmungslustige Maine Coon sollte immer Auslauf haben, zur reinen Wohnungskatze eignet sie sich nicht.

 WOHNUNGSHALTUNG MÖGLICH   LIEBT AUSLAUF

 HÖHERER PFLEGEAUFWAND   BRAUCHT VIEL BESCHÄFTIGUNG

PERSER

🏠 🧹

AUSSEHEN: Kompakte Rassekatze auf kurzen, kräftigen Beinen. Großer Kopf mit Einbuchtung zwischen Stirn und kleiner Nase (»Stop«) und kleinen Ohren. Voluminöses Fell mit bis zu 15 cm langem Deckhaar und sehr viel Unterwolle. Mit üppiger Halskrause und buschigem Schwanz.

CHARAKTER: Freundlich, leise und ruhig, geringer Bewegungsbedarf.

HALTUNG UND PFLEGE: Die weitaus meisten Perserkatzen werden ausschließlich in der Wohnung gehalten. Ihr Fell verlangt tägliches Kämmen und Bürsten, da es sonst sehr schnell verfilzt.

RAGDOLL

🏠 🌳 🐭

AUSSEHEN: Große, kräftig gebaute und schwere Katze mit breitem Kopf und buschigem Schwanz. Typisch Ragdoll sind die leuchtend blauen Augen. Halblanges, seidiges Fell mit vielen Farben und Zeichnungen. Bei der Geburt sind Ragdolls weiß.

CHARAKTER: Sehr auf den Menschen bezogen, dabei lernwillig und verspielt. Apportiert freiwillig und geht an der Leine.

HALTUNG UND PFLEGE: Eignet sich zur Wohnungshaltung, ist aber auch gern im Freien. Wegen der fehlenden Unterwolle hält sich der Pflegeaufwand in Grenzen.

NORWEGISCHE WALDKATZE

🌳 🧹

AUSSEHEN: Sehr groß und kräftig. Halblanges Fell mit Halskrause, lang behaarten Hinterbeinen (»Knickerbocker«) und besonders im Winter dichter Unterwolle. Wird in vielen Farben gezüchtet.

CHARAKTER: Ausgeglichen, ruhig und verträglich. Trotz ihrer Selbstständigkeit braucht sie die Nähe des Menschen.

HALTUNG UND PFLEGE: Fühlt sich wohl, wenn sie Auslauf hat. Das Fell braucht nur ab und zu Kamm und Bürste.

SOMALI

—AUSSEHEN: Von der Abessinier unterscheidet sich die Somali allein durch ihr halblanges Fell, Körperbau und Fellfarben sind bei beiden gleich. Die Züchter achten auf Haarbüschel an den Ohrspitzen und eine ausgeprägte Halskrause. Typisch für die Somali ist der rotbraune Grundton des Fells, daneben gibt es weitere Fellfarben.

—CHARAKTER: Aufmerksam, freundlich, anhänglich und verspielt.

—HALTUNG UND PFLEGE: Die intelligente Katze braucht Zuwendung und regelmäßig Beschäftigung, um sich nicht zu langweilen. Der Pflegeaufwand für das halblange Fell ist überschaubar.

TÜRKISCH ANGORA

—AUSSEHEN: Schlanker Körper auf hohen Beinen, auffallend große Ohren und Augen. Das halblange Fell hat keine Unterwolle und ist im Winter länger. Die Rasse wird heute in vielen Farben gezüchtet, klassisch ist Weiß mit verschiedenfarbigen Augen (odd-eyed). Die Türkisch Angora gilt als älteste Langhaarrasse.

—CHARAKTER: Umgänglich, freundlich, anpassungsfähig und selbstbewusst.

—HALTUNG UND PFLEGE: Lässt sich nicht so schnell aus der Ruhe bringen und verträgt sich gut mit anderen Katzen.

TÜRKISCH VAN

—AUSSEHEN: Mittelgroße, dabei relativ schwere Rasse mit halblangem Seidenfell, das in der warmen Jahreszeit stark ausdünnt. Auffallend buschiger Schwanz. Weiß und Creme sind die Grundfarben des Fells, Farbmarkierungen gibt es lediglich neben den Ohren und am Schwanz.

—CHARAKTER: Aufmerksam und lebhaft, lernwillig und redegewandt.

—HALTUNG UND PFLEGE: Türkisch Vans lieben das Wasser und angeln bei Gelegenheit auch sehr geschickt nach Fischen. Die Katzen sollten möglichst zu zweit gehalten werden.

 WOHNUNGSHALTUNG MÖGLICH   LIEBT AUSLAUF

 HÖHERER PFLEGEAUFWAND   BRAUCHT VIEL BESCHÄFTIGUNG

KATZE KAUFEN

DIE BESTEN ADRESSEN

Mund-zu-Mund-Propaganda ist der schnellste Weg, um sich über Katzennachwuchs bei Verwandten, Freunden und Haltern in Ihrer Nähe zu informieren. Der Tierarzt vor Ort versorgt Sie ebenfalls gern mit Adressen. Wer mit einer Rassekatze liebäugelt, findet in Rassekatzenvereinen und bei Züchtern kompetente Beratung.

FAMILIE UND FREUNDE

Auf die Frage, woher ihre Katze stammt, würde sicherlich die große Mehrheit der Besitzer ihre Freunde und Bekannten oder die eigenen Verwandten nennen. Bestimmt nicht der schlechteste Weg, um auf die Katze zu kommen. Meist nämlich kennt man Umfeld und Lebensverhältnisse der Tiere, ihre individuellen Ansprüche und kleinen Macken aus eigener Erfahrung. Wer sich für ein Kätzchen aus dem nächsten Wurf interessiert, kann die Mutterkatze über längere Zeit beobachten und aus ihrem Verhalten und ihrer Persönlichkeit zumindest ansatzweise ablesen, wozu sich ihre Kinder einmal entwickeln werden.

Nach wie vor gibt es viel zu viele nicht kastrierte Katzen. Vor allem bei Katzen mit Auslauf ist unerwünschter Nachwuchs oft nur eine Frage der Zeit. Mitleid verbessert die Situation nicht! Auch wenn Sie Freunden aus der Patsche helfen wollen: Nehmen Sie bitte kein Kätzchen bei sich auf, solange Sie noch unschlüssig sind, ob Sie wirklich mit einer Katze leben wollen. Wird die junge Katze nach kurzer Zeit wieder abgeschoben, ist das für sie ein großes Drama, das sie vielleicht ein Leben lang nicht überwinden wird.

INSERAT UND INTERNET

Wo auch immer Sie bei der Suche nach Ihrer Traumkatze fündig werden: Ein Besuch beim Verkäufer ist Pflicht, die Katze im Sack zu kaufen sollte grundsätzlich tabu sein. In Ihrer Lokalzeitung inserieren Halter und Züchter der Umgebung, ein Abstecher kostet daher nur wenig Zeit und Geld. Im Internet werden viele Katzen mit jedweder Herkunft angeboten, Rassekatzen finden Sie auf den Homepages der Zuchtvereine und Züchter. Für besonders interessante Tiere müssen Sie eventuell allerdings weit fahren.

Theorie vor Praxis: Bevor man auf die Suche nach der Traumkatze geht, sollten sich alle Familienmitglieder mit dem Verhalten und den Ansprüchen der Katze vertraut machen.

ZÜCHTER

Rassekatzen kauft man beim Züchter. Kontaktadressen von Züchtern Ihrer Wunschrasse erhalten Sie von den Katzenzuchtvereinen. Bei Züchtern, die einem Zuchtverein angehören, können Sie sicher sein, dass die Tiere dem Rassestandard entsprechen. Vor allem bei selteneren Rassen muss man oft Wartezeiten in Kauf nehmen, bis Jungtiere abgegeben werden. Besuchen Sie vor der Kaufentscheidung zwei oder drei Züchter, um verschiedene Tiere der Rasse kennenzulernen. Beim Kauf übergibt Ihnen der Züchter den Abstammungsnachweis der Katze und den Impfpass, in dem der Impfschutz bestätigt ist. Als Erstbesitzer erhalten Sie oft auch eine Pflege- und Fütterungsanleitung.

TIERHEIM

In den Tierheimen leben junge und ältere Katzen, rasselose und Rassekatzen. Sie alle suchen ein neues Zuhause. Neulinge in der Katzenhaltung sollten sich nur für eine Katze entscheiden, deren Vorgeschichte dem Tierheimpersonal bekannt ist. Besuchen Sie die Katze mehrmals, bevor Sie sich endgültig zur Übernahme entschließen. Vor Abgabe machen sich die Tierheimleiter ein Bild von Ihren Lebensverhältnissen und geben nur dann grünes Licht, wenn sie sicher sind, dass die Katze in gute Hände kommt. Tierheimkatzen werden mit Vertrag und gegen Schutzgebühr (Weibchen ca. 120, Kater 100 Euro) abgegeben.

/// CHECKLISTE ///

WAS STEHT IM KAUFVERTRAG?

Pflicht ist der Vertrag beim Katzenkauf nicht, nur mit ihm kann man aber Gewährleistungsansprüche geltend machen.

◈ Namen, Adressen und Unterschriften von Käufer und Verkäufer, Datum und Ort der Übergabe der Katze
◈ Kaufpreis und Zahlungsbestätigung
◈ Geschlecht, Alter, Farbe, Gesundheitszustand der Katze
◈ Gewährleistung (bei Privatverkauf zwei Jahre), Vermerk der Übergabe des Heimtierpasses

BEI UNS GEHT'S MANCHMAL ZIEMLICH CHAOTISCH ZU

Wir haben beide viel Stress im Beruf. An Tage mit geregelter Arbeitszeit kann ich mich kaum erinnern. Aber solange der Job Spaß macht, ist das in Ordnung. Christian arbeitet meist zu Hause, aber auch ich habe zwischen den Produktionen häufig einige freie Tage. Frei heißt allerdings nicht totale Auszeit: Sowohl Christians Kunden wie meine Kollegen kommen zu Besprechungen bei uns vorbei. Mit der Ruhe ist es dann nicht weit her. Trotzdem wünschen wir beide uns eine Katze. Es wäre einfach toll, ein lebendiges Wesen um sich zu haben, das sich freut, wenn man nach Hause kommt, und mit dem man schmusen und herrlich entspannen kann. Am besten eine gestandene erwachsene Katze, die sich nicht sofort unter dem Sofa verkriecht, wenn Besuch auf der Matte steht. Vielleicht aus dem Tierheim, falls ihre Vorgeschichte bekannt ist. Ich hatte vor meiner Ehe eine Siamkatze und denke schon, dass ich ein recht gutes Händchen für Katzen habe. Von Christian kenne ich nur seinen zerfransten Lieblingsteddy aus Kindertagen, ein eigenes Heimtier hatte er nie. Aber das bekommen wir gemeinsam schon auf die Reihe. Und dann gibt es ja noch den grünen Dschungel auf unserer Dachterrasse. Der würde Mieze garantiert gefallen.

WER BERUFLICH UND PRIVAT SEHR EINGESPANNT IST, SOLLTE PRÜFEN, OB ER WIRKLICH GENUG ZEIT FÜR EINE KATZE AUFBRINGEN KANN.

Mona, 30, ist Produktionsassistentin bei einer TV-Gesellschaft. Mit ihrem Mann Christian, 33, selbstständiger Werbetexter, lebt sie in einer Vier-Zimmer-Wohnung mit Dachterrasse.

27

GRUNDAUSSTATTUNG

MÖBEL UND MEHR

Katzen sind anspruchsvoll. In den Kosten für die Erstausstattung schlägt sich das aber nicht nieder. Besonders für die Jungkatze muss es nicht unbedingt vom Start weg das Luxusambiente mit Superkratzbaum und Designer-Schlafsofa sein.

FUTTERSTATION & TANKSTELLE

Edelstahl- und Keramiknäpfe lassen sich leicht sauber halten. Eine Antirutschmatte darunter hält sie am Platz. Praktisch: Ein Futterautomat, der sich zur voreingestellten Zeit öffnet. Im Wasserspender bleibt das Trinkwasser länger frisch.

RELAXZONE

Ideal ist ein kuschelig ausgepolsterter Weidenkorb. Wohnhöhlen aus Plüsch oder Stoff sind leichter und transportabler, lassen sich aber weniger gut reinigen. Katzenbetten und -sofas gibt es in vielen Formen, Farben und Größen. Wichtig sind waschbare Decken und Polsterbezüge. Die Katze muss sich außerdem auf dem Lager ganz ausstrecken können.

28

KATZENGRAS

Reguliert die Verdauung, erleichtert das Erbrechen von Haarballen und Fremdkörpern und verhindert, dass die Katze an Zimmerpflanzen knabbert. Auch Freigängern muss man in der Wohnung Katzengras anbieten.

SPIELZEUG

Ball, Federwedel, Spielmaus und Intelligenzspiele halten Body und Köpfchen auf Trab und schützen vor Langeweile, vor allem wenn Mieze mal allein bleiben muss (→ *Spielsachen, Seite 122*).

STYLING- & PFLEGEZUBEHÖR

Bürste und Kamm sind für Langhaar- und Halblanghaarkatzen unverzichtbar, aber auch bei den Kurzhaarverwandten sorgen sie für ein sauberes und glänzendes Fell. Weiteres Zubehör: Pinzette, Krallenschere, Zeckenzange, Gummistriegel, Zahnbürste und Zahnpasta für Tiere (→ *Pflegezubehör, Seite 97*).

TRANSPORTBOX

Empfehlenswert ist eine stabile und schlagfeste Kunststoffbox, die vor Nässe und Zugluft schützt und sich leicht reinigen lässt. Die Katze muss darin liegen, aufrecht sitzen und sich drehen können.

KRATZBAUM & KRATZBRETT

Der Kratzbaum befriedigt den Klettertrieb, dient zum Krallenschärfen und bietet viele Beschäftigungsmöglichkeiten. Reicht der Platz für einen Kratzbaum nicht, muss es wenigstens ein Kratzbrett zum Krallenwetzen sein.

29

STILLES ÖRTCHEN

Es gibt offene Toilettenschalen und Haubenmodelle. In Haubentoiletten mit Aktivkohlefilter entstehen keine Gerüche. Die Katze muss sich in der Toilette umdrehen können. Für Jungkatzen eignen sich Modelle mit niedrigem Rand. Testen Sie, welche Streu Ihre Katze mag: Silikatstreu, Klumpstreu oder pflanzliche Streu.

WOHLFÜHLWOHNWELT

WENN KATZENWÜNSCHE WAHR WERDEN

Auf den Kopf stellen müssen Sie Ihr Zuhause nicht, wenn Mieze bei Ihnen einzieht.
Mit ein bisschen Fantasie und etwas Geschick lässt sich das Katzenmobiliar so
in Ihre Wohnlandschaft integrieren, dass es nicht stört, Ihrer neuen Mitbewohnerin
aber trotzdem vom ersten Tag an ein Gefühl von Heimat vermittelt.

KUSCHELZONE

Der Schlafplatz ist das Wichtigste. Ruhig und geschützt vor Zugluft muss es hier sein. Stellen Sie das Lager etwas erhöht auf, um es vor Bodenkälte zu schützen. Toller Nebeneffekt: Ihr Stubentiger hat so alles im Blick, was um ihn passiert.

HOCH HINAUS

Ihre Liegeplätze wechselt eine Katze nach eigenem Gusto. Der Lieblingsliegeplatz von gestern kann heute schon wie-

*Dösen mit Aussicht:
Als kuscheliger und
erhöhter Ruheplatz ist
die Sofalehne top.
Aber wer weiß, viel-
leicht macht es sich
Mieze morgen auf den
harten Rippen des
Heizkörpers bequem.*

der out sein. Erklärte Favoriten sind hoch liegende Plätze, zum Beispiel auf dem Sideboard oder im Bücherregal. Auf- und Abstiege nicht vergessen. Höhe erlaubt Rundumsicht und bietet Sicherheit. Auch im Revier vor der Haustür steuert die Katze erhöhte Aussichtsplätze (Warten) an.

PRIVATFERNSEHEN

Gönnen Sie Ihrer Katze einen Fensterplatz mit Aussicht. Im Handel gibt es Polsterauflagen für die Fensterbank. Die Zimmerpflanzen, die sich bisher hier sonnten, müssen leider umziehen. Viele Wohnungstiger verbringen Stunden am Fenster und verfolgen das Live-TV-Programm.

FREIHEIT SCHNUPPERN

Liegeplatz, Sonnen- und Regenschutz – fertig ist das kleine Katzenparadies auf dem Balkon. Ein Toilettenplatz findet sich sicher auch. Ein Schutznetz sichert den Balkon. Bei Mietern muss der Eigentümer die Anbringung erlauben.

SICHER SPIELEN

Katzenspielzeug muss giftfrei und bissfest sein, darf keine scharfen Kanten haben und nicht splittern. Und es muss so groß sein, dass es nicht verschluckt werden kann.

ZU TISCH!

Futter- und Trinknapf haben ihre festen Plätze, am besten auf den pflegeleichten Fliesen in Küche oder Flur und dort, wo die Katze beim Fressen nicht gestört wird. Futter- und Trinknapf sollten nicht nebeneinanderstehen.

ZUSCHAUER UNERWÜNSCHT

Wenn die Katze ihre Toilette nicht annimmt, liegt das neben unsauberer Streu oft am Standort. In Fragen des »Geschäfts« sind Stubentiger nämlich heikel und wollen dabei nicht beobachtet werden. Zumindest ein Sichtschutz muss es sein – oder eben eine Haubentoilette.

HYGIENEFIMMEL

In Sachen Reinlichkeit sind Katzen penibel. Unsaubere Streu und Gerüche, die das sensible Näschen beleidigen, werden in der Toilette nicht akzeptiert. Entfernen Sie verschmutzte Streu täglich mit dem Streulöffel, und wechseln Sie die gesamte Einstreu mindestens einmal pro Woche.

TREFFPUNKT KRATZBAUM

Selbst der aufregendste Kratzbaum bleibt unbeachtet, wenn er in der Ecke steht. Er gehört auf den Hauptverkehrsweg, auf dem Mieze regelmäßig durch die Wohnung patrouilliert. Ohne Kompromiss von Katze und Mensch geht es bei der Standortfrage oft nicht. Der Kratzbaum vor dem Fernseher wäre aber wahrscheinlich nicht in Ihrem Sinn …

PRIMA KLIMA

Das Wohlfühlklima der Katze ändert sich oft mehrmals am Tag: Am Morgen mag sie es vielleicht wärmer, später sucht sie ein kühles Fleckchen. Erlauben Sie ihr den Zugang zu verschiedenen Klimazonen, etwa im Flur oder im Keller.

··
/// INFO ///
··

Leben zwei oder mehr Katzen unter einem Dach, hat jede Anspruch auf den eigenen Schlafplatz und ihren Fress- und Wassernapf. Wichtig ist mindestens eine zweite Toilette.
··

SO WOHNEN KATZEN SICHER

1 Kippfenster mit speziellen Schutzgittern sichern, damit die Katze nicht hängen bleibt, wenn sie durchzuschlüpfen versucht.

2 Offenes Feuer (Kamin, Kerzen) nie unbeaufsichtigt lassen. Auch in der Küche muss die Katze immer unter Aufsicht sein.

3 Keine Nadeln und Scheren etc. offen liegen lassen. Ebenso Plastiktüten: Verheddert sich die Katze darin, kann sie ersticken.

4 Giftige Zimmerpflanzen gehören nicht in eine Katzenwohnung. Entfernen Sie auch Pflanzen, von denen Sie nicht genau wissen, ob sie für Katzen gefährlich sind.

5 Arzneimittel unter Verschluss halten. Viele Humanmedikamente sind für Katzen giftig.

6 Luken von Waschmaschine und Trockner sofort nach Benutzung schließen.

———— ◆ ————

JUNGE KATZEN STETS IM AUGE BEHALTEN, DA SIE NOCH NICHT ERKENNEN, WO ES FÜR SIE GEFÄHRLICH IST.

———— ◆ ————

Katzen sind neugierig und stecken ihre Nase überall hinein, oft auch dort, wo es gefährlich ist. Beseitigen Sie möglichst alle Gefahrenquellen im Haus, oder machen Sie sie unzugänglich.

31

KRATZBRETT

Katzen wetzen ihre Krallen an Bäumen, Pfosten und leider auch in der Wohnung.
Ein Kratzbrett verhindert, dass Türen, Tapeten und Möbel darunter leiden.
Mit einfachen Materialien und etwas Geschick können Sie das Kratzbrett selbst basteln.

32

SIE BRAUCHEN:

40 x 60 cm große Holzplatte oder Spanverlegeplatte von 10 mm Stärke, Sisalmatte oder Teppichrest in gleicher Größe, ca. 7–8 mm stark, 22 Schrauben mit 15 mm Länge inklusive Unterlegscheiben, Schraubenzieher. Wandbefestigung mit 6er-Dübeln und Schrauben der Größe 4,5 x 5 mm.
Für den Rahmen: 6 cm breite und 10 mm starke, an einer Seite abgerundete Sockelleisten aus unbehandelter Fichte, 14 Schrauben mit 25 mm Länge sowie eine Gehrungssäge (oder Holzklotz mit Linien zum Anlegen des Sägestücks).

1 Die Sisalmatte oder das Teppichstück an den Rändern der Holz- oder Spanplatte befestigen: an den langen Seiten mit je sechs, an den kurzen Seiten mit je vier der 15-mm-Schrauben. Bei einer eher grobmaschigen Kratzmatte sollten Sie passende Unterlegscheiben verwenden, damit die Matte von den Schrauben sicher gehalten wird.

2 Ein Schmuckrahmen ist nicht unbedingt erforderlich, macht das Kratzbrett aber deutlich attraktiver. Schneiden Sie dafür die vier einzelnen Sockelleisten auf Gehrung und auf jeder Seite 5 mm länger als die Unterlage. Bei einer 40 x 60 cm großen Platte betragen die Maße des Rahmens dementsprechend 41 x 61 cm. Er steht dadurch etwas über die Kratzunterlage hinaus. Nun die vier Rahmenteile von hinten mit den 25 mm langen Schrauben an der Unterlage befestigen: je vier Schrauben an den langen Seiten und je drei Schrauben an den kurzen.

3 Der Rahmen sieht nicht nur gut aus, er überdeckt auch die Schrauben der Wandhalterung. Die 4,5 x 5 mm großen Schrauben unter den Rahmenleisten in den vier Ecken der Sisalmatte einsetzen und mit den 6er-Dübeln in der Wand befestigen. Verankern Sie das Kratzbrett sicher an der Wand, da Katzen beim Krallenwetzen oft erstaunliche Kräfte entwickeln.

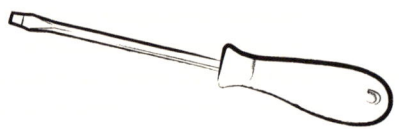

WILLKOMMEN!
ORTSWECHSEL UND NEUBEGINN

In den vergangenen Wochen haben Sie Ihre neue Katze mehrmals besucht und sie etwas näher kennengelernt. Auch wenn Sie ihr nicht mehr völlig fremd sind, ist der Umzug ins neue Zuhause ein einschneidendes und ängstigendes Erlebnis für sie. Das gilt speziell für ein Kätzchen, das plötzlich ohne Mama und Geschwister dasteht.

DER GROSSE TAG

Der Abholtermin ist vereinbart. Um sicherzugehen, rufen Sie am Tag vorher beim Verkäufer an, ob alles so bleibt wie besprochen. Teilen Sie ihm Ihre ungefähre Ankunftszeit mit, dann weiß er, ab wann er die Katze nicht mehr füttern sollte. In der Regel werden Sie Mieze mit dem Auto abholen, eine für sie angenehmere Alternative gibt es kaum.

....
/// TIPP ///
....

Die Katze kommt in eine völlig fremde Welt. Nichts ist hier so, wie sie es gewohnt ist. Damit sich der Schrecken in Grenzen hält, planen Sie die Heimfahrt so, dass Sie möglichst früh am Tag ankommen und nicht erst am späten Nachmittag. Dann hat Ihre neue kleine Freundin die Möglichkeit, die Lage schon einmal vorsichtig zu checken, solange es noch hell ist. Wenn Anreise und Rückfahrt länger als fünf bis sechs Stunden dauern, empfiehlt es sich, am Wohnort des Verkäufers oder zumindest nicht weit entfernt zu übernachten. Am nächsten Morgen können Sie dann ausgeruht nach Hause fahren.

....

UNTERWEGS OHNE KATZENJAMMER

Ihre neue Katze sollten Sie unbedingt zu zweit abholen. Die Begleitperson kümmert sich während der Rückreise um die Samtpfote. Bei einer Jungkatze ist das besonders wichtig. Mit ihren 12 bis 16 Lebenswochen ist sie zum ersten Mal von Mutter und Geschwistern getrennt und mit fremd aussehenden und fremd riechenden Menschen zusammen. Großes Drama! Die mitgebrachte Transportbox ist auf der Heimfahrt das sichere Zuhause für die Katze. Auch eine

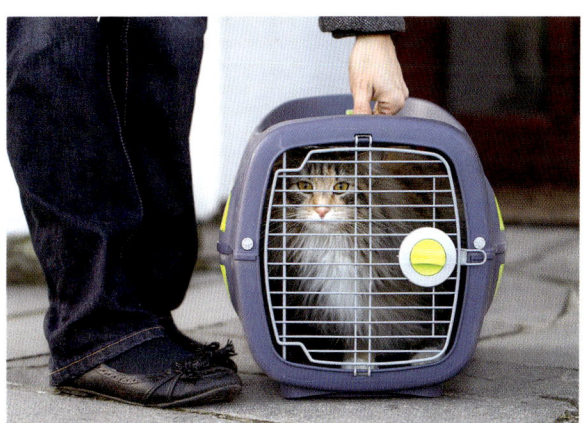

Reiseversicherung: Katzen gehen grundsätzlich nur in einer stabilen Transportbox auf Tour. Das dient ihrer eigenen, im Auto aber auch der Sicherheit des Fahrers.

34

Schüchterner Kontakt: Liebevolle Ansprache und geduldiges Abwarten erleichtern der verängstigten Katze die ersten Stunden in fremder Umgebung.

HEIMWÄRTS

Damit der Magen nicht rebelliert, wird die Katze drei bis vier Stunden vor dem Abholen vom bisherigen Besitzer zum letzten Mal gefüttert. Trinken darf sie vor Beginn der Heimreise und in den Fahrtpausen, die Sie spätestens alle zwei Stunden einlegen sollten, im Sommer auch früher. Mieze bleibt während des Stopps in der Box. Hat Ihr Wagen keine Klimaanlage, sollten Sie in der warmen Jahreszeit die heißen Mittagsstunden meiden oder das Abholen auf einen kühleren Tag verschieben. Lassen Sie während der Fahrt die Fenster geschlossen, und richten Sie die Lüftung weg von der Katze. Vermeiden Sie abrupte Bremsmanöver, die der Katze auf den Magen schlagen können.

....

/// CHECKLISTE ///
....

LEICHTER EINGEWÖHNEN

Ihre Lieblingsfuttersorte und vertraute Gegenstände sorgen dafür, dass sich die Katze etwas sicherer fühlt und sich schneller an die fremde Umgebung gewöhnt.

⊛ Mit dem gewohnten Futter vermeiden Sie Probleme am Fressnapf. Der Umzug war purer Stress für die Katze, da sollte wenigstens das Futter schmecken. Fragen Sie vorab den Verkäufer, welche Sorte er seinen Tieren füttert.

⊛ Die Schmusedecke hat die Katze auf der Heimfahrt begleitet und liegt jetzt ganz obenauf in ihrem Schlafkorb.

⊛ Auch das Lieblingsspielzeug ist mit auf die Reise gegangen. Beim Spielen vergessen vor allem junge Katzen schnell die Angst vor der Fremde.

⊛ Katzen sind heikle Toilettengänger. Das neue Toilettenmodell und eine andere Einstreusorte können dauerhafte Protestaktionen auslösen. Fragen Sie den Vorbesitzer, wie Sie die Toilettenfrage klären können.

....

Kuscheldecke für die Box sollten Sie nicht vergessen. Auf Wunsch gibt Ihnen der Verkäufer sicher gerne eine Decke mit, die Mieze ein bisschen Heimatgeruch vermittelt und so den Stress mildert. Bei einem Kätzchen stoppen einige Lagen Zeitungspapier die Nässe, falls die große Aufregung auf die kleine Blase schlägt. Wenn sich Ihre Mitfahrerin mit Händen und Füßen sträubt, kann man ihr die Reise mit ein paar Beruhigungstropfen erleichtern. Erkundigen Sie sich rechtzeitig beim Tierarzt, welches Mittel er empfiehlt.

VERTRAUENSSACHE

Auch wenn die Katze Sie schon vorher kennengelernt hat, wird sie in der fremden Umgebung zuerst auf Distanz bleiben. Zeigen Sie ihr, dass sie willkommen ist, aber überlassen Sie ihr die Entscheidung, die Freundschaftsangebote anzunehmen.

Nicht verzweifeln, wenn Sie für Ihre Mieze anfangs Luft sind. Jede Katze verarbeitet Veränderungen anders. Der Wille zur Kooperation siegt aber letztlich immer.

Der stehende Mensch ist ein Riese für Ihre Katze und wirkt auf sie bedrohlich. Setzen Sie sich auf den Boden oder gehen Sie auf die Knie, aber rücken Sie der Fellnase nicht zu dicht auf die Pelle. Sprechen Sie mit ihr mit sanfter und monotoner Stimme. Blicken Sie die Katze dabei nicht an.

Hunger besiegt Angst. Bieten Sie ihr auf der Fingerspitze etwas Hackfleisch oder ein Futterbröckchen an. Halten Sie dabei mit ausgestrecktem Arm nach wie vor Abstand. Ihre neue Mitbewohnerin muss ihren ganzen Mut zusammennehmen, aber schon bald gewinnen der verführerische Duft und der knurrende Magen die Oberhand.

Das Eis ist gebrochen. Jetzt können Sie ihr den Handrücken vors Köpfchen halten und abwarten, bis sie von sich aus mit ihrer Wange an der Hand entlangstreift.

Abwarten, auch wenn's schwerfällt: Lassen Sie die neue Katze entscheiden, wann und wie sie mit Ihnen Kontakt aufnehmen will.

Gehen Sie in die Hocke, und bieten Sie ihr ein Leckerli an. Beim ersten Mal klappt es selten, aber irgendwann siegt die Verlockung.

Jetzt hat sich die Scheu so weit gelegt, dass die Katze Ihre Nähe duldet und nicht sofort zurückweicht. Halten Sie ihr den Handrücken hin, und warten Sie ab, bis sie mit dem Kopf oder der Flanke daran entlangstreift.

BEZIEHUNGSKISTE

»SIE MAG MEINEN MANN NICHT«

◆

VIELE HALTER GLAUBEN, DASS MAN DEM DICKKOPF EINER KATZE NICHT BEIKOMMT UND VERSUCHEN ES GAR NICHT ERST. KATJA RÜSSEL WEISS, WIE MAN MIT KATZEN KOOPERIERT.

◆

KATJA RÜSSEL ist gelernte Katzenpsychologin (ATN) und Ernährungsberaterin für Menschen und Katzen. Als Expertin für Katzenverhalten berät sie deutschlandweit Katzenhalter zu Fragen rund um Verhalten, Training von Katzen sowie zur artgerechten Ernährung und Haltung. Schwerpunkt ihrer Tätigkeit ist die harmonische Kommunikation von Katze und Mensch. Dabei wird sie tatkräftig von den eigenen Katzen unterstützt, durch die sie selbst viele Erfahrungen gesammelt hat und die ihr als Trainingspartner und »Tester« zur Seite stehen.

≫▸ Ich habe unsere Katze mit in die Ehe gebracht. Aber auch nach einem halben Jahr reagiert sie noch abweisend auf meinen Mann, obwohl der sich sehr um sie bemüht.
KATJA RÜSSEL: Katzen, die schon als Kitten keine oder keine guten Erfahrungen mit Menschen sammeln konnten, bleiben oft ein Leben lang misstrauisch. Häufig gehen sie nur mit einer Person eine engere Bindung ein, wobei Männer wegen ihrer tieferen Stimme und der oft direkten Annäherung an die Katze tendenziell als bedrohlicher wahrgenommen werden als Frauen. Ihr Mann sollte versuchen, möglichst wenig mit der Katze zu interagieren:

sich ruhig aufs Sofa setzen, die Katze nicht anschauen, ihr ein Leckerli hinwerfen – das wäre schon ein guter Ansatz. Dazu direkte Hinwendung und lautes Reden vermeiden und die Kontaktaufnahme allein der Katze überlassen.

≫▸ Sobald Futterzeit ist, gebärdet sich mein Kater Gipsy wie verrückt, macht Lärm ohne Ende und krallt sich an meinem Bein fest.
KATJA RÜSSEL: Katzen sind von Natur aus Häppchenfresser. Katzen mit zwei Fütterungszeiten sind darum meist ziemlich aufgeregt und hungrig. Trainieren Sie mit Gipsy – außerhalb der Fütterungszeiten – einen »Warteplatz« in der Küche: Belohnen Sie ihn regelmäßig, wenn er dort, etwa in einem Körbchen oder auf dem Küchenstuhl, sitzt. Sobald Fütterungszeit ist, stecken Sie ihm auf dem Warteplatz immer ein Leckerli zu, während Sie das Futter zubereiten. So bekommt er ein erstes Häppchen, ist beschäftigt und lernt, dass sich Warten lohnt. Alternativ können Sie Gipsy vor der Fütterung mit ein paar Leckereien in ein anderes Zimmer locken. Schließen Sie die Tür, so bleiben Sie bei der Futterzubereitung in der Küche unbehelligt. Aber bitte nicht trödeln, denn Ihre Mieze hat wirklich Hunger.

Es braucht Zeit, bis die Katze Ihren neuen Partner akzeptiert.

⫸→ **Mona hat freien Ausgang, geht abends auf Tour, kommt mitten in der Nacht heim und springt zu mir ins Bett. Ich wache jedes Mal auf. Die Schlafzimmertür schließen bringt nichts. Dann weckt mich ihr Kratzen.**
KATJA RÜSSEL: Schieben Sie Mona sofort konsequent hinunter, wenn sie ins Bett springt. Es dauert einige Zeit, aber irgendwann wird sie aufgeben. Richten Sie ihr neben dem Bett einen kuscheligen Schlafplatz ein. Ein getragenes T-Shirt von Ihnen darin, bietet den vertrauten Geruch und macht das Katzenbett attraktiver. Wenn Mona ruhig aufs Bett kommt, dürfen Sie sie streicheln – aber nur dann. Hilft alles nichts, muss die Katze vor der Tür bleiben. Tragen Sie bequeme Ohrstöpsel, um das Kratzen an der Tür nicht zu hören. So kommen Sie nicht in Versuchung, der Katze doch wieder nachzugeben. Irgendwann gibt Mona schließlich ihre Versuche auf. Wichtig ist dabei natürlich, dass Sie ihr außerhalb des Schlafzimmers einen attraktiven Ersatzschlafplatz einrichten. Mit welcher Strategie Sie letztlich Erfolg haben, kann nur die Praxis zeigen.

⫸→ **Selbst wenn ich nur drei Stunden außer Haus bin, ist meine Katze tief beleidigt. Sie stammt aus dem Tierheim, vielleicht gibt es einen dunklen Punkt in ihrer Historie?**
KATJA RÜSSEL: Manche Katzen reagieren verunsichert, wenn plötzlich die Wohnungstür aufgeht. Es dauert eine Weile, bis die Katze ihre vertraute Bezugsperson erkennt. Da das allein vom Augenschein nicht immer auf Anhieb gelingt, verziehen sich unsichere Tiere vorsorglich lieber. Dieses distanzierte Verhalten wird von Katzenhaltern nicht selten als »Beleidigtsein« fehlinterpretiert. Es hilft in dieser Situation, wenn Sie Ihre Katze schon ansprechen, bevor Sie

die Tür öffnen und erst dann in die Wohnung kommen. Mit Beschäftigungsangeboten, etwa dem Clickertraining, stärken Sie das Selbstvertrauen der Katze. Langeweile ist auch ein großes Thema. Viele Katzen »kleben« regelrecht an ihrem Halter, da er für sie das einzig Spannende in ihrem Alltag darstellt. Freigang bietet viel Abwechslung, alternativ ist auch ein gesicherter Balkon eine Bereicherung. Ist die Katze allein, kann man sie gut mit Futtersuche beschäftigen, zum Beispiel mit Futterball und Fummelbrett.

⫸→ **Unser Abessinier-Kater ist ein halbes Jahr alt und leider ein echter Hasenfuß. Kommt Besuch, lässt er sich über Stunden nicht mehr blicken.**
KATJA RÜSSEL: Die Angstreaktion Ihres Katers sollten Sie mit gezieltem Gegenkonditionierungs-Training angehen. Das müssen Sie jedoch einem erfahrenen Katzenberater überlassen. Eventuell ist auch eine Therapie mit angstlösenden Medikamenten sinnvoll. Die Behandlung darf aber nur unter Aufsicht eines Tierarztes erfolgen. Häufige Angstreaktionen dürfen Sie nicht auf die leichte Schulter nehmen. Sie können sich verstärken und sind eine große Belastung für das Tier. Bei Dauerstress entwickeln Katzen nicht selten körperliche Beschwerden. Und keine Katze hat es verdient, ein Leben in Angst zu führen.

TIPP

Bei der Katze geht es darum, erwünschte Verhaltensweisen zu verstärken. Bestrafungen sind tabu und behindern den Lernvorgang.

37

Freiraum für Solisten: Bleibt die Katze allein in der Wohnung, sollte sie sich möglichst frei bewegen können und genügend Spiel- und Beschäftigungsmöglichkeiten haben.

KATZE IM RECHT

HAFTPFLICHT, MIETRECHT UND MEHR

Als Katzenhalter müssen Sie für Schäden aufkommen, die Ihr Liebling verursacht.
Außerdem sollten Sie die wichtigsten Verordnungen des Tierschutzgesetzes kennen.
Und auch für die Katzenhaltung in Miet- und Eigentumswohnungen
gibt es Vorschriften, wobei die Rechtsauffassungen hier nicht immer einheitlich sind.

38

HAFTPFLICHT

Anders als Hunde oder Pferde verursachen Katzen meist nur kleinere Schäden. Trotzdem kann es manchmal teuer werden, wenn es etwa wegen einer über die Straße laufenden Katze zum Verkehrsunfall kommt. Laut Bürgerlichem Gesetzbuch haftet der Halter für Personen- und Sachschäden, die aufs Konto seiner Katze gehen. Anders als Hunde sind Katzen allerdings über die Privathaftpflichtversicherung mitversichert.

Jeder Halter darf seiner Katze Auslauf gönnen, auch wenn sie dabei über Nachbargrundstücke läuft. Bei mehreren Katzen kann ihm jedoch zur Auflage gemacht werden, nicht alle Tiere gleichzeitig nach draußen zu lassen.

TIERSCHUTZGESETZ

Das Tierschutzgesetz verpflichtet jeden Halter zur artgerechten Unterbringung, Pflege und Ernährung seiner Tiere. Es untersagt das Aussetzen von Tieren, schränkt Tierversuche ein und verbietet die Zucht, wenn die Nachkommen an erblichen Verhaltensstörungen leiden und ihre Haltung mit Schmerzen verbunden ist. In Deutschland haben einige Gemeinden und Städte Verordnungen erlassen, die eine Kastration für Katzen mit Auslauf vorschreiben. Anders als

etwa in Belgien und Österreich gibt es bei uns jedoch keine bundesweite Kennzeichnungs- und Kastrationspflicht.

HALTUNG IN MIET- UND EIGENTUMSWOHNUNG

Die Rechtsauffassungen zur Katzenhaltung in Mietwohnungen gehen auseinander: Nach Ansicht mancher Gerichte gehört die Haltung einer Katze zum allgemeinen Wohngebrauch, solange andere Hausbewohner dadurch nicht beeinträchtigt werden. Andererseits ist prinzipiell der Mietvertrag bindend, auch wenn er die Haltung von der Erlaubnis des Vermieters abhängig macht oder sogar ein Haltungsverbot vorsieht. Wer zwei oder mehr Katzen in der Mietwohnung hält, zieht vor Gericht meist den Kürzeren. In Eigentumswohnanlagen regelt der Gemeinschaftsvertrag die Tierhaltung. Er gilt auch für neue Eigentümer.

TIERBESTATTUNG

Eine verstorbene Katze darf man auf dem eigenen Grundstück begraben, wenn es nicht in einem Wasserschutzgebiet liegt. Die Grabstelle muss mindestens 50 cm tief sein. Einen Tierfriedhof gibt es sicher auch in Ihrer Nähe. Hier können Sie das Grab regelmäßig besuchen und pflegen. Auch die Feuerbestattung von Heimtieren ist heute möglich.

KUSCHELIGES FILZMÄUSCHEN

Ihr Stubentiger erklärt das selber gestrickte Filzmäuschen garantiert sofort zu seinem Lieblingsspielobjekt. Worauf also warten, wenn Sie ihm eine Freude machen wollen? Einige Grundkenntnisse im Stricken sollten Sie dafür aber mitbringen.

SIE BRAUCHEN:

50 g graue Filzwolle, waschbare Füllwatte, schwarzes Baumwollgarn, Nadelspiel Gr. 8, Häkelnadel Gr. 7 und Wollnadel.

1 Stricken Sie über drei Nadeln des Nadelspiels und nur rechte Maschen in Runden. Auf jede Nadel zwei Maschen aufnehmen und zur Runde schließen (6 M). Anfangsfaden 30 cm lang lassen. Eine Runde rechte Maschen. In der nächsten Runde pro Nadel nach der 1. Masche mittels Umschlag eine Masche aufnehmen (9 M). Eine Runde rechts. In der nächsten Runde jeweils vor und hinter der Mittelmasche pro Nadel eine Masche aufnehmen (15 M). Dann eine Runde rechte Maschen. In der nächsten Runde wieder mittig pro Nadel zwei Maschen aufnehmen (21 M). Nun zehn Runden rechte Maschen stricken. In der 11. Reihe die ersten und letzten beiden Maschen jeder Nadel rechts zusammenstricken (15 M). Dann den Körper bis zur 11. Reihe (nicht zu fest) ausstopfen (der Rest der Maus bleibt leer, da der Körper beim Filzen schrumpft). Vier Runden rechte Maschen, anschließend wieder eine Abnahmerunde wie oben (9 M) stricken. Wieder eine Runde rechts stricken. Die drei verbliebenen Maschen jeder Nadel rechts überzogen zusammenstricken. Die letzten drei Maschen mit Nadel und Faden aufnehmen und zusammenziehen. Zum Schluss den Faden vernähen.

2 Für den Schwanz die verbliebene Öffnung mit dem Anfangsfaden zusammenziehen und vernähen. Den Faden mittig hängen lassen. Einen 40 cm langen Wollfaden so durch die vernähte Öffnung ziehen, dass rechts und links neben dem Anfangsfaden zwei gleich lange Stücke hängen. Diese mit dem Mittelfaden flechten und am Ende verknoten. Für jedes Ohr im vorderen Körperdrittel seitlich ansetzen und eine feste Masche – ein Stäbchen – ein doppeltes Stäbchen – ein Stäbchen – eine feste Masche an den Körper häkeln. Für das zweite Ohr gegengleich arbeiten. Alle Fäden anschließend gut vernähen.

3 Die Maus mit drei Tennisbällen oder einer Jeanshose bei 40 °C in der Waschmaschine filzen (normales Waschprogramm mit Vollwaschmittel). Nach dem Waschen die nasse Maus in Form drücken und die Ohren ausformen. Trocknen lassen. Anschließend die Augen und die Schnauze mit schwarzem Baumwollgarn aufsticken.

TIPP

Durchs Filzen ergeben sich leichte Größenunterschiede: Das Mäuschen ist durchschnittlich 9 x 4,5 cm groß (ohne Schwanz) und hat einen Bauchumfang von ca. 17 cm.

39

Diese Anleitung stammt von Maschenwichtel (Tanja Lords). In ihrem Shop http://de.dawanda.com/shop/Maschenwichtel kann man die Filzmäuse auch direkt kaufen.

DAS KATZEN-CAFÉ

SCHMUSEN GIBT'S GRATIS

Café Katzentempel
Türkenstraße 29
80799 München
Öffnungszeiten:
Di–Fr 11–20 Uhr,
Sa 10–20 Uhr,
So 10–18 Uhr
Montag Ruhetag

Restaurants und Cafés gibt es in Bayerns Metropole fast an jeder Straßenecke. Den »Katzentempel« aber nicht. Er ist nicht nur in München, sondern deutschlandweit das erste Café, in dem Katzen zum Stammpersonal gehören. Was sich zuerst einmal etwas verrückt anhört, kommt bestens an – bei Gästen und Schmusetigern.

»Der Besuch eines Katzen-Cafés in Wien brachte den Stein ins Rollen«, erklärt Thomas Leidner. Trotzdem war es für ihn und Mitgeschäftsführerin Dr. Kathrin Doberauer ein sehr langer Weg von der ersten Idee bis zur Eröffnung ihres Cafés »Katzentempel« in der Münchner Türkenstraße – vom Parcours durch den Behördendschungel ganz zu schweigen. Im »Katzentempel« gibt es Kaffee, Kuchen, Mittag- und Abendessen – alles vegan – und natürlich Katzen. Katzen zum Schmusen, Streicheln oder einfach nur zum Beobachten und Genießen. Die sechs Tempelkatzen heißen Gizmo, Jack, Ayla, Balou, Saphira und Robin und sorgen mit ihrer selbstbewusst-entspannten Präsenz dafür, dass man sich als Gast auf Anhieb wohlfühlt.

DIE KÜCHE IST TABU

Die Katzen im »Katzentempel« können sich frei und ungebunden bewegen und bei Bedarf in einem eigenen Zimmer ungestört Siesta halten. Nur die Küche ist Sperrgebiet. Fürs Essen gibt es eine Durchreiche.

WIE ES EUCH GEFÄLLT

Berührungsängste hat keine der Tempelkatzen. Wenn ihnen danach ist, streichen sie den Gästen um die Beine oder lassen sich vernehmlich schnurrend mit Streicheleinheiten verwöhnen. Steht einer Mieze der Sinn nach einem Solo-Stündchen, zieht sie sich auf eine Liegefläche hoch oben an der Wand, auf die obere Etage des Kratzbaums oder ins Katzenzimmer zurück, das für alle Gäste off limits ist.

MITSPIELER GESUCHT

Was bei den Gästen auf den Tisch kommt, interessiert die samtpfötige Tempeltruppe in der Regel herzlich wenig. Die Katzen wissen sehr wohl, dass sie in den Betreibern des Cafés aufmerksame und zuverlässige Dosenöffner haben. Viel aufregender ist es, wenn sich ein Gast dazu verführen lässt, in die große Spielzeugkiste zu greifen und mit den Katzen in ein wildes Spielabenteuer zu starten.

ZUHAUSE IM PARADIES

Alle Katzen im Café »Katzentempel« stammen aus einer Vermittlungsstelle für Katzen in Not. In der Türkenstraße haben sie ein Zuhause gefunden, wie es sich eine Katze kaum schöner erträumen könnte.

LEBENSLINIEN

ZUNEIGUNG, GEDULD, WÄRME UND SO VIEL MEHR

Was da auf leisen Pfoten ins Haus kommt, ist ein Wirbelwind, der Ihr Leben auf den Kopf stellt. Ehe man sich's versieht, tut man Dinge, die man nie tun wollte. Zu spät, der Schmusetiger hat längst Ihr Herz gestohlen.

FREMDER PLANET

ZEIT LASSEN ZUM ANKOMMEN

Veränderung und Neubeginn steckt niemand ganz leicht weg. Für ein Katzenkind,
das sich plötzlich in einer fremden Welt wiederfindet, ist es noch
viel schlimmer: das absolute Drama. Damit der Kätzchen-Kosmos nicht völlig
aus den Fugen gerät, braucht es Verständnis, Geduld und Zuspruch.

JUNGE KATZE: SCHLAFEN NIMMT DIE ANGST

Sie ist 12, höchstens 16 Wochen alt und hat alles verloren –
Familie, Zuhause, lieb gewordene Menschen. Etwas viel für
das Katzenkind. Die Angst der ersten Stunden können Sie
dem Kätzchen nicht nehmen. Es hilft schon, wenn ihm
nicht gleich alle auf den Pelz rücken und jeder das süße
Ding an sich drückt und streichelt. Eine Schlafhöhle, in die
sich das verängstigte Fellknäuel verkriechen kann, ist die
beste Medizin. Dazu die Kuscheldecke von der Rückfahrt,
die beruhigend nach Heimat riecht. Stellen Sie Futter- und
Trinknapf neben den Katzenkorb und lassen die Kleine
schlafen. Wenn sie aufwacht, muss jemand in der Nähe
sein. Auch in der ersten Nacht und den folgenden Nächten
darf sie nicht allein sein. Am besten schläft sie neben Ihrem
Bett, dann können Sie ihr übers Fell streichen und müssen
nicht jedes Mal aufstehen, wenn sie unruhig wird und
ängstlich fiept. Vergessen Sie auch nicht, die Katzentoilette
in Reichweite aufzustellen.

ERWACHSENE KATZE: ZARTE KONTAKTE

Direkt nach Ihrer Heimkehr kommt die Transportbox mit
der erwachsenen Katze in ein eigenes Zimmer. Schließen
Sie alle Türen, bevor Sie die Box öffnen. Wahrscheinlich
verkriecht sich Ihre neue Mitbewohnerin sofort unter dem
Schrank oder Sofa. Stellen Sie ihr Futter und Wasser hin,
und lassen Sie sie allein. Sie wird etwas trinken, ein paar
Häppchen fressen und sich in der Box schlafen legen. Werfen Sie zwischendurch einen Blick ins Zimmer, und gehen
Sie dann nach zwei oder drei Stunden zu ihr, um leise mit
ihr zu sprechen und sie zu streicheln, falls sie es zulässt.
Auch die erste Nacht verbringt sie dort. Nachschauen müssen Sie nur, wenn sie an der Tür kratzt oder laut ruft.

*Echt mutig, kleine
Katze! Für das Kätz-
chen sind die ersten
zaghaften Schritte in
der fremden Woh-
nung ein aufregendes
Abenteuer. Klopft das
Herz zu sehr, geht es
zurück in die Box.*

NEUE HEIMAT

DAS WOHLFÜHLPROGRAMM

Die vertraute Umgebung, in der vieles so ist, wie es schon immer war. Willkommen zu sein, verwandte Seelen treffen, sich geborgen fühlen, Zuwendung spüren. Das ist Heimat. Oder zumindest das, was sich viele von uns davon erträumen. Wenn Katzen von Heimat träumen und uns davon erzählen könnten, wäre es genau das Gleiche.

46

ANLEITUNG ZUM GLÜCKLICHSEIN

Die Erinnerung an die alte Heimat tut gerade in den ersten Tagen gut: Füttern Sie die gewohnte Futtersorte, und halten Sie die vertrauten Essenszeiten ein. Und auch bei der Toilettenstreu gilt: keine Experimente. Die erwachsene Katze

Privatissime: Heimat ist für Katzen ein kuscheliges Ruheplätzchen, an dem sie niemand stört (links). Tag der offenen Tür: Entdeckerreisen durch unbekannte Räume faszinieren jede Katze (rechts).

reagiert ungnädiger auf Veränderungen als ein Youngster, bei dem meist die Neugier auf Neues siegt. Und mit den Spielsachen vom Vorbesitzer haben Sie bei Ihrer Katze auf jeden Fall einen Stein im Brett. Kann ja nicht schaden.

Pssst! Achtung, Schlafmütze!

Je nach Naturell reagieren Katzen unfreundlich bis aggressiv, wenn man sie im Schlaf stört. Vor allem junge Katzen brauchen viele Ruhephasen, um Kraft für ihre wilden Spiele zu tanken. Nicht selten stoppen Kätzchen mitten im Spiel und sind Sekunden später eingeschlafen. Erklären Sie Ihren Kindern, warum man Katzen nicht im Schlaf stören darf.

Terminabsprache

Katzen führen ein scheinbar ungebundenes Leben. Doch sie halten einen festen Tagesrhythmus ein. So gibt es verbindliche Zeiten für die Revierpatrouille, für Mahlzeiten, Spielstunden und die Siesta. Die Katze passt sich zwar bereitwillig unseren Gewohnheiten an, taucht pünktlich am Futternapf auf und stellt sich rechtzeitig zum Spielen ein, das erwartet sie aber auch von ihrem Halter. Ein- oder zweimal verspäten wird noch akzeptiert, lassen Sie Ihre Katze aber öfter sitzen, nimmt sie das nicht einfach so hin.

Schleckermäulchen

Katzen sind Gourmets. Verkrustete Reste oder Futter von gestern strafen sie mit Nichtachtung. Frisch ist Pflicht, aber nicht kühlschrankkalt. Die Nase isst nämlich mit und mag es verführerisch duftend. Tiefgefrorenes zwölf Stunden vorher herausnehmen, sonst revoltiert der Katzenmagen.

Im Mittelpunkt

Eine Partnerin für nebenher war die Katze nie. Sie sitzt immer in der ersten Reihe und erwartet ganz selbstverständlich, dass der Mensch ihr seine volle Aufmerksamkeit schenkt. Viele Stubentiger reagieren schon ungehalten und eifersüchtig, wenn ihr Halter in ihrer Gegenwart telefoniert.

Pflege mit Wohlfühlfaktor

Für Lang- und Halblanghaarkatzen sind Kamm und Bürste unverzichtbar. Aber auch kurzhaarige Fellnasen sollten an die Pflegeprozedur gewöhnt werden. Zum einen ist es aktive Gesundheitsvorsorge, weil man Körper und Fell auf Wundstellen und Parasiten kontrollieren kann, zum anderen empfindet Mieze die sanfte Behandlung als Streicheleinheit, was die Katze-Mensch-Bindung zusätzlich stärkt.

Playstation

Spielen hält fit, trainiert die grauen Zellen und schützt vor Langeweile. Solo ist okay, lieber aber spielen Katzen mit dem Menschen. Je nach Spielertyp (→ *Spotlight, Seite 125*) darf's sportlich sein (Fußball, Springen, Balancieren), trickreich (Männchen machen, Pfote geben, Rolle seitwärts) oder kämpferisch (aber nicht mit Kratzkatzen!). Auch die Kopfarbeiter und Tüftelspezis kommen nicht zu kurz. Gönnen Sie der Katze dabei regelmäßig Erfolgserlebnisse.

Entdeckerreisen

In einer großen Wohnung oder einem Haus können Sie Ihre Katze ab und zu mit exklusiven Abenteuertouren verwöhnen. Dann darf sie Bereiche erkunden, die sonst verschlossen sind, etwa Dachboden und Keller. Das ist fast so aufregend wie Weihnachten (→ *Schon gewusst? Höhlenforscher, Seite 49*). Die Erlaubnis gilt nicht für Tabuzonen wie das Schlafzimmer. Die bleiben nach wie vor No-Cats-Land.

PÜPPI IST NICHT ZU BREMSEN

Eine Katze wollte ich schon lange. Als Mini, die Siamkatze meiner Freundin, Nachwuchs bekam und ich die Rasselbande in der Wurfkiste zum ersten Mal sah, war sofort klar: Die vorwitzige Kleine mit den großen Ohren soll es sein und keine andere! Püppi ist meine erste eigene Katze. Daher kann ich kaum Vergleiche ziehen, aber an Frechheit und Selbstbewusstsein ist sie wohl nicht zu überbieten. Nach ihrem Einzug dauerte es gerade mal zwölf Stunden, bis sie die ganze Wohnung zu ihrem privaten Reich erklärt hatte. Mit ihren sieben Monaten ist sie fit wie ein Turnschuh, inspiziert jede Ecke und jeden offenen Schrank, wühlt in den Papieren auf meinem Schreibtisch, klettert an den Gardinen hoch und gräbt ständig die Erde der Topfpflanzen um. Es ist toll, dass sie Leben in die Bude bringt, aber manchmal nervt es schon, weil ich sie nie aus den Augen lassen kann. Jetzt habe ich die Reißleine gezogen: Die Pflanzen wurden ausquartiert, die Gardinen so weit hochgezogen, dass sie aus der Gefahrenzone sind, Schränke und Schubladen bleiben generell geschlossen. Um Püppis überschüssige Energien abzubauen, habe ich uns beiden zwei Spielstunden täglich verordnet, wo es richtig wild zugehen darf. Anders würde es Püppi auch keinen Spaß machen.

FREIRÄUME FÜR DIE KATZE SIND WICHTIG, DÜRFEN JEDOCH DIE EIGENE LEBENSQUALITÄT NICHT UNZUMUTBAR EINSCHRÄNKEN.

Luise Martin, 32, ist Lektorin und arbeitet zu Hause in ihrem Drei-Zimmer-Appartement in Berlin. Sie teilt ihre Wohnung mit dem sieben Monate alten Siam-Mädchen Püppi.

Spaltenappetenz nennt man die Vorliebe der Katze für geheimnisvolle Löcher und dunkle Ecken. Ist die Öffnung zu klein, um Kopf oder Körper hineinzuzwängen, hilft die Pfote als Tastinstrument aus. Vielleicht verbirgt sich dahinter ja ein Mäuschen.

48

DAS GEHT KATZEN GEGEN DEN STRICH

Katzen sind keine Mimosen. Sie haben fast alle Lebensräume und Klimazonen der Erde erobert und kommen auch unter unwirtlichen Bedingungen zurecht. Es gehört jedoch zur Fürsorgepflicht des Halters, dass er seinem Stubentiger alles erspart, was ihm das Leben und eine gute Beziehung zum Menschen erschwert.

Lautstarke Kids

Wenn Kinder miteinander spielen, geht es selten leise zu. Die Lautstärke selbst stört Katzen weniger, ein Gräuel sind ihnen aber schrille, sich überschlagende Stimmen.

Chemische Keule

Scharfe und aufdringliche Gerüche mag die sensible Katzennase nicht. Setzen Sie Raumsprays, Allzweckreiniger Putzmittel und Möbelpolituren bitte sparsam ein.

Zu lange solo

Auch in katzengerechter Umgebung mit vielen Beschäftigungsangeboten wird es irgendwann langweilig. Und wer sich langweilt, kommt auf dumme Ideen. Lassen Sie Ihre Katze nicht mehr als vier Stunden täglich allein. Wer länger außer Haus ist, muss über eine zweite Katze nachdenken.

Parfum und Zigaretten

Umgibt sich ihr Mensch mit einer Deo- oder Parfumwolke, reagiert die Katze irritiert, oft auch abweisend. In einer Raucherwohnung inhaliert sie den Zigarettenqualm wie alle anderen Nichtraucher. Die können sich dagegen wehren, der Stubentiger leider nicht.

Lieber Mozart als die Stones

Wenn Sie den Lautstärkeregler von TV oder Receiver weiter aufdrehen, fallen Ihrer Katze nicht gleich die Ohren ab.

Bei konzertanten Sinfonien à la Mozart und Bach fühlt sie sich aber spürbar wohler als bei »Satisfaction« der Rolling Stones oder Karlheinz Stockhausens Zwölftonmusik.

Ständig auf Achse

Selbst wenn Katzen keine Probleme mit dem Autofahren haben, gehen sie nicht gern auf Tournee. Urlaubsreisen, Besuche bei Verwandten und Freunden, Wochenendtrips – wer Mieze mit sich herumschleppt, macht aus ihr über kurz oder lang ein seelisches Wrack. Katzen brauchen ihr Zuhause, und sie wollen auch nirgendwo sonst hin.

....

/// SCHON GEWUSST? ///

....

HÖHLENFORSCHER

An Löchern und Spalten kommt keine Katze vorbei, ohne den Kopf hineinzustecken und die Innenwelt zu inspizieren. Vor allem in fremder Umgebung ist es wichtig, jeden Quadratmeter zu erkunden. Ein geeignetes, schnell erreichbares Versteck kann bei Gefahr lebensrettend sein.

....

VORSCHULTRAINING

Katzen können sehr hartnäckig sein, wenn es um ihre Ansprüche und vermeintlichen Rechte geht. Klein beigeben zählt nicht zu ihren hervorstechenden Wesenszügen. Am erfolgversprechendsten handelt man Kompromisse mit Katzenkindern aus. Bei den Youngstern haben sich die kleinen Marotten und Vorlieben nämlich noch nicht so fest eingenistet wie bei ihren älteren Artgenossen.

Saubere Lösung

Beim Einzug sind viele Kätzchen schon fast stubenrein. Doch die Blase ist klein und der Drang manchmal zu groß. Bitte nie tadeln! Setzen Sie die Kleine auf die Toilette, sobald sie unruhig wird und nach einem Löseplatz sucht. Loben und streicheln Sie sie, wenn sie ihr Geschäft wie gewünscht verrichtet. Eine erwachsene Katze sollte sich schnell zurechtfinden. Nimmt sie die Toilette nicht an, hat das in der Regel andere Ursachen (→ Probleme? Seite 58).

No-go für Naschkatzen

Doof ist das Jungvolk nicht: Am Futternapf kommt man schnell auf den Geschmack, frisst nur die Lieblingshäppchen und lässt alles andere unberührt. Übergießen Sie das Katzenmenu mit etwas lauwarmem Wasser, bis es leicht breiig wird. Jetzt haben wählerische Katzen das Nachsehen.

Für Katzenkinder ist alles ein Spiel. Futterbröckchen kann man wunderbar mit der Pfote angeln, hochwerfen und über den Boden schubsen. In diesem Fall das Spielmaterial wegnehmen und die Katze an den Napf setzen. So oft wiederholen, bis sie merkt, dass man mit Futter nicht spielt.

Kratzverbot

Beim Beutemachen sind die Krallen wichtig. Manche Katzen fahren sie aber auch im Spiel aus, was auf der Haut des menschlichen Spielpartners Spuren hinterlässt. Zur sanften Variante kann man schon die jüngsten Katzenkinder erziehen. Brechen Sie das Spiel sofort kommentarlos ab, wenn das Kätzchen die Krallen einsetzt. Vermeiden Sie körpernahe Spiele, solange die Lektion noch nicht sitzt.

Einmal Bett, immer Bett

Entscheiden Sie frühzeitig, ob Ihre Katze ins Bett darf. Wer später wankelmütig wird und Erlaubnis oder Verbot revidieren will, hat schlechte Karten und eine aufsässige Katze.

Katzenherz, was willst du mehr!? Unter der Bettdecke ist es herrlich warm und schön dunkel. Einmal erlaubt, erklärt die Katze das Bett zu ihrem Privatbesitz. Widerruf stößt dabei auf Unverständnis.

49

KATZEN & KINDER

GESUCHT UND GEFUNDEN

Kinder finden Katzen toll. Und Katzen finden Kinder toll, meistens jedenfalls.
Das ist nicht weiter verwunderlich. Neugierig sind beide, sie lieben Action und haben
oft nur Unfug im Kopf. Völlig ohne Aufsicht sollte es dabei aber nicht
zugehen. Es ist Elternsache, dem Nachwuchs die Bedürfnisse einer Katze zu vermitteln.

PLAYTIME MIT DEN KIDS

Auch wenn sie ihn ins Herz geschlossen hat, ist ihr Halter – und mit ihm fast alle Erwachsenen – in den Augen der Katze ein Stockfisch (→ *Schon gewusst? Der Stockfisch ist meist männlich, rechte Seite*). Zum Schmusen reicht es, aber spieltechnisch kommt er kaum in die Gänge. Wenn er sich doch einmal in die Hocke oder auf die Knie bequemt, um mit seiner Katze auf Augenhöhe zu spielen, muss man das rot im Kalender anstreichen. Mit den Kids sieht's zum

Hey, mach mit! Wenn es ums Spielen geht, muss keine Katze zweimal aufgefordert werden. Und mit den Kids macht es immer tierisch viel Spaß.

Glück ganz anders aus. Man trifft sich auf dem Teppich, kann mit ihnen herrlich herumtollen und kuscheln, wenn doch einmal die Puste ausgeht. Und sie haben alle Zeit der Welt, weil für sie nichts mehr zählt als Spielen und Katze.

VERHALTENS- UND SPIELREGELN

Damit die Freundschaft keine Risse bekommt, müssen Kinder lernen, Persönlichkeit und Ansprüche der Katze zu respektieren. Weil das von den Jüngeren bis zum 8. Lebensjahr noch ein bisschen viel verlangt ist, sollten sie nur unter Aufsicht mit Katzen spielen. Diese Verhaltensregeln gelten für Kinder jeder Altersklasse:

⊛ Nie eine fressende oder schlafende Katze zum Spiel auffordern. Keine Spiele, bei denen die Katze mit Pfoten und Krallen Gesicht und Augen des Kindes zu nahe kommt.

⊛ Spiel unterbrechen oder beenden, wenn die Katze sich abwendet, aggressiv reagiert oder keine Lust mehr hat.

⊛ Hektische Bewegungen und schrille Töne vermeiden.

⊛ Nicht an Beinen oder Schwanz ziehen, der Katze nicht ins Gesicht greifen oder sie gegen den Fellstrich streicheln.

⊛ Die Katze nicht hochheben und auf den Arm nehmen.

⊛ Der Katze keine Küsschen geben und sich nicht von ihr ablecken lassen.

50

Gemeinsam kuscheln und träumen: Zu Kindern, die rücksichtsvoll mit ihnen umgehen und ihre Ansprüche respektieren, entwickeln Katzen ein besonders inniges Verhältnis.

/// SCHON GEWUSST? ///

DER STOCKFISCH IST MEIST MÄNNLICH

Frauen kommunizieren offensichtlich erfolgreicher mit Katzen als Männer. Eine Frau spricht mehr mit ihrer Katze, als es der Mann tut, und setzt sich meistens zu ihr auf den Boden, wenn sie mit ihr spielen will. Der Mann zeigt sich weniger gesprächig und bleibt häufig aufrecht vor der Katze stehen, wenn er mit ihr Kontakt aufnimmt. Zu diesem Resultat kamen Tests des Tierpsychologen Dennis Turner. Die Untersuchung stützt die These, dass sich Frauen und Katzen besser verstehen als Katzen mit Männern.

VERANTWORTUNG MACHT STOLZ

Schon kleine Kinder können sich um die Katze kümmern und Mini-Jobs übernehmen, indem sie etwa für frisches Trinkwasser sorgen oder den Futternapf auffüllen. Sie sind mächtig stolz darauf, dass die Eltern ihnen diese Pflichten übertragen und wachsen so spielerisch in die Verantwortung für ein Lebewesen hinein. Ältere Kinder übernehmen den Pflegedienst mit Bürsten und Kämmen des Katzenfells.

Zu den Katzenrassen, die gern mit Kindern zusammen sind und auch das manchmal grobe Tätscheln unbeholfener Kinderhände vertragen, gehören Britisch Kurzhaar, Maine Coon, Ragdoll und Perser. Ältere Kinder wünschen sich oft lebhaftere Spielpartner. Für sie eignen sich Burma, Somali, Abessinier oder Türkisch Angora.

BABY-ALARM

Wenn ein Baby ins Haus kommt, braucht die Katze viel Zuwendung, um sich nicht zurückgesetzt zu fühlen und eifersüchtig zu reagieren. Auch wenn sie sich freundlich verhält, sollte sie nie mit dem Baby allein gelassen werden.

ICH BIN SHERLOCKS PATE

Dass ich nach der Schule zuerst bei Sherlock reinschaue, versteht sich von selbst. Er wartet dann schon immer hinter der Tür. Wir sind befreundet, seitdem er als kleines Katzenkind bei unseren Nachbarn einzog. Er war unglaublich neugierig und steckte seine Nase in jeden Winkel. Ich musste sofort an Sherlock Holmes, den großen Meisterdetektiv, denken. Und da der Kleine noch keinen Namen hatte, stimmten alle gleich begeistert zu. Seitdem bin ich Sherlocks Pate. Das verpflichtet natürlich. Nachmittags gehen wir um die vier Ecken, Sherlock an der Leine. Was er echt gut macht.

KIND UND KATZE – OFT GENUG EINE FREUNDSCHAFT FÜRS LEBEN.

Der elfjährige Felix Lenz besucht Sherlock täglich. Sie sind die besten Freunde, die man sich vorstellen kann: Felix und der sanftmütige Britisch-Kurzhaar-Kater aus dem Nachbarhaus.

51

ZUSAMMENRAUFEN

MIT TIERISCHEN MITBEWOHNERN

Huch, wer ist das denn? In vielen Haushalten lernt Mieze andere Heimtiere kennen.
Manche freuen sich tierisch über den Neuzugang, andere sehen ihre Vorrechte
in Gefahr, zeigen der Fremden die kalte Schulter oder proben den Aufstand. Doch über
kurz oder lang arrangiert man sich meist oder schließt sogar Freundschaft.

52

JUNGVOLK UNTER SICH

Junge Katzen glauben noch an Friede, Freude, Eierkuchen. Für sie ist jeder tierische Hausgenosse ein Kumpel und Spielpartner, den man nur zum Mitmachen animieren muss. Trifft das Kätzchen auf gleichaltrige oder halbwüchsige Artgenossen, ist schnell klar: Man versteht sich auf Anhieb. Das funktioniert vonseiten der Katze ohne große Anlaufprobleme auch mit einem Hundewelpen. Der braucht allerdings oft ein paar Tage, um mit der quirligen

Zurückhaltende Begrüßung: So richtig geheuer ist der jungen Siam die allererste Begegnung mit der alteingesessenen Seniorpartnerin nicht.

Kollegin klarzukommen. Achten Sie bei Welpen von Großhunden darauf, dass der tapsige Kerl dem Katzenzwerg mit seinen riesigen Pfoten keinen Schaden zufügt. Im Auge behalten sollten Sie die Rasselbande sowieso immer.

JUNGE UND ÄLTERE KATZE

Erwachsene Kater nehmen es gelassen, wenn ein minderjähriger Frechdachs ins Haus kommt. Manche lassen sich sogar zum Turngerät umfunktionieren. Geht ihnen das ungestüme Treiben zu weit, ziehen sie sich einfach zurück. Die Damenwelt reagiert auf den vorlauten Familienzuwachs sensibler, meist abweisend, oft auch ungnädig. In den ersten Tagen werden beide getrennt in benachbarten Zimmern untergebracht, um sich langsam an den Geruch des anderen zu gewöhnen. Der erste Direktkontakt erfolgt unter Aufsicht. Reservieren Sie der Älteren Rückzugsplätze, und schenken Sie ihr viel Aufmerksamkeit, damit sie sich nicht wie das fünfte Rad am Wagen fühlt.

KATZE UND HUND

Beim Anblick eines unschuldigen und hilflosen Katzenkinds entdecken viele Hunde den Beschützertrieb in sich. Trotzdem bleibt Bello beim ersten Schnupperkontakt an der Leine, und auch in den folgenden Wochen treffen sich beide nur unter Aufsicht, es sei denn, der Hund hat schon vorher mit Katzen unter einem Dach gelebt.

Ob sich erwachsene Katzen und Hunde vertragen, hängt von ihrer Vorgeschichte und den Erfahrungen mit der anderen Fraktion ab. Generell läuft es leichter, wenn Mieze in einen Hundehaushalt kommt, umgekehrt zetteln alteingesessene Katzen nicht selten eine Revolution an und verteidigen ihr Revier mit Zähnen und Krallen.

KLEINE HAUSTIERE

Kleine, überwiegend am Boden lebende Tiere lösen den Jagdinstinkt der Katze aus, vor allem, wenn sie sich dazu noch hektisch bewegen. Selbst wenn Ihr Stubentiger nicht mit der Pfote zuckt und den Hamster nur aus der Distanz beäugt, sollten Sie dem friedlichen Tête-à-Tête nicht trauen. Ratten, Mäuse, Meerschweinchen, Vögel und alles, was ins Beuteschema passt, nie mit Mieze allein lassen.

AQUARIENFISCHE

Wenn's um Frischfisch geht, macht sich die vermeintlich wasserscheue Katze gern nass, krallt sich die leckere Beute vom Aquarienrand aus und schleudert sie im gekonnten Schulterwurf aus dem Becken. Eine Aquarienabdeckung vereitelt den Mundraub und verhindert zugleich, dass die Anglerin versehentlich ein Vollbad nimmt.

....

/// INFO ///

....

Solange die junge Katze noch nicht geschlechtsreif ist, wird sie von erwachsenen Artgenossen nicht als direkte Konkurrenz betrachtet und genießt Narrenfreiheit. Die Freiheit hat allerdings ihre Grenzen. Dass die respektiert werden müssen, macht Mama den Kids schon in der Wurfkiste klar. Die erwachsene Kätzin wacht eifersüchtiger über ihr Revier als der Kater. Der Einzug des neuen Kätzchens ist daher in ihren Augen ein Affront und quasi Hausfriedensbruch. Narrenfreiheit und Jugendschutz sind ihr dabei schnuppe. Irgendwann aber arrangiert sie sich mit dem Frischling.

....

Bitte nicht näher! Nicht unfreundlich, aber sehr bestimmt signalisiert die Katze ihrem langnasigen Gegenüber, dass sie gern etwas Distanz wahren möchte.

Aaah, endlich ein Schmuseobjekt! Fast alle Zwerghasen lassen die ausgiebigen Putzattacken befreundeter Samtpfoten durchaus geduldig über sich ergehen.

53

Trügerischer Frieden: Fasziniert beobachtet die kleine Katze das fremde Wesen. Dem Nymphensittich ist die Sache nicht geheuer, er behält sein Gegenüber genau im Auge.

KLICK GEMACHT

CLICKERN FÜR BEGINNER

Für Hundeohren ist das »Klick-Klack« des Knackfroschs schon ein alter Hut. Aber auch immer mehr Katzenfreunde entdecken die fast unbegrenzten Möglichkeiten, im Clickertraining erwünschte Verhaltensweisen ihrer Katze zu fördern und dabei zugleich die Beziehung zu festigen – vom tierischen Spaß an der Sache nicht zu reden.

54

EIN BLECHFROSCH, DER WUNDER WIRKT

Alles, was Sie brauchen, ist ein kleines Blechobjekt, wie es jeder als Knackfrosch und Knackente kennt, und das »klick-klack« macht, wenn man ihm auf den Bauch drückt. Clicker gibt es in allen Formen und Farben, aber vielleicht finden Sie irgendwo auf dem Speicher sogar einen vergessenen Frosch aus Ihrer Kindheit. Beim Clickern geht es nicht in erster Linie um Tricks und Kunststückchen, sondern um Übungen, die Ihnen und Ihrer Katze den Alltag erleichtern.

Klick heißt immer etwas Gutes: Im Lauf des Trainings verknüpft die Katze den Klicklaut mit der Belohnung. Ihr Verhalten in dieser Situation wird dadurch gefördert und gefestigt.

Wunschverhalten fördern

Beim Clickertraining wird der anfangs neutrale und für die Katze bedeutungslose Klicklaut mit einem positiven Ereignis verknüpft, zum Beispiel mit einem Leckerbissen oder ihrem Lieblingsspielzeug. Zeigt die Katze in dieser Situation ein erwünschtes Verhalten, wird sie sich im Lauf der Übung mit hoher Wahrscheinlichkeit häufiger so verhalten, sobald sie den Clickerton hört. Sie ist schließlich auf das »Klick-Klack« konditioniert. Wichtig ist vor allem die unmittelbare zeitliche Nähe von Clicker und positivem Verstärker. Dieser Lernvorgang der sogenannten operanten Konditionierung läuft bei Mensch und Tier gleich ab.

Nur am Anfang belohnen

Während der Grundübungen wird Mieze nach jedem Klicklaut mit einem Leckerbissen belohnt, bis die Verknüpfung sich gefestigt hat. Im Folgetraining wird der Clicker immer erst dann gegeben, wenn Ihr Stubentiger von sich aus das zu fördernde Verhalten zeigt.

Eine negative Verstärkung soll unerwünschtes Verhalten unterdrücken. Fürs Training mit Katzen eignet sich diese Konditionierung nicht, da sie einer Bestrafung gleichkommt und damit die Beziehung zum Menschen belastet.

CLICKER-PRAXIS

Verhaltensmuster, die Mieze regelmäßig von sich aus zeigt, eignen sich perfekt als Einstieg ins Clickertraining. Mit Clicker und Futterbelohnung verstärken Sie die entsprechende Bewegung schon im Ansatz. Typisches Beispiel: die »Sitz«-Übung.

Nach der Basisübung können Sie mit Variablen trainieren (etwa Sitzdauer, Ablenkung). Aber bitte nie mit zwei Kriterien zugleich.

Katzen setzen sich häufig und aus freien Stücken. Mit der »Sitz«-Übung können Sie also jederzeit loslegen. Geben Sie Clicker und nachfolgende Leckerli-Verstärkung möglichst schon, wenn Sie im Ansatz erkennen, dass sich die Katze setzen wird. Werfen Sie das Futterbröckchen so weit weg, dass sie aufstehen und es holen muss. Beste Gelegenheit, um die Übung sofort zu wiederholen.

Nach zehn Übungseinheiten führen Sie das Lautsignal »Sitz« ein, sobald Ihre Schülerin das Hinterteil absenkt, um sich zu setzen. Der Clicker folgt nun erst, wenn sie tatsächlich sitzt. Danach gibt's wie gewohnt die Belohnung. Bleibt Mieze sicher sitzen, geben Sie den Clicker zeitversetzt: anfangs nach einer Sekunde und schrittweise immer später. Trainieren Sie den Ablauf auch in veränderter Umgebung.

Schnell reagieren: Geben Sie bei der »Sitz«-Übung den Clicker bereits beim allerersten Anzeichen, dass sich Ihre Katze setzen will.

Bei den Grundübungen wird die Katze nach jedem Klick belohnt. Später erst dann, wenn sie das Wunschverhalten ganz von selbst zeigt.

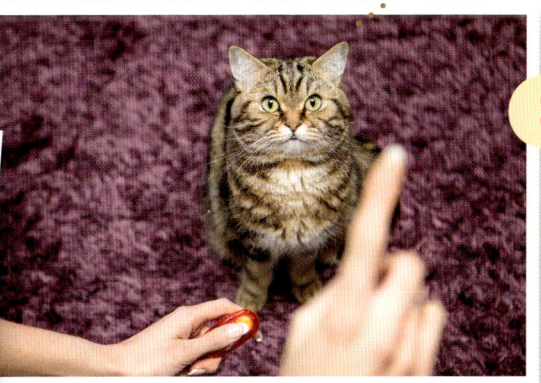

Geben Sie nach zehn Übungen das Signal »Sitz« wie anfangs den Clicker, sobald die Katze sich zu setzen beginnt. Der Clicker kommt in dieser Übungsphase erst, wenn sie wirklich sitzt. Und dann natürlich das Leckerli.

ZIMMER MIT AUSSICHT

URLAUB IN DER KATZENPENSION

Katzenpension »Felina«, Sylvia und Christoph Enders, E-Mail: katzenpension-felina@gmx.de Telefon (0 81 33) 99 46 89

Mit der Familie in die Ferien? Danke nein, diesen Stress braucht keine Katze. Für daheimgebliebene Miezen ist die Katzenpension eine tolle Option. Sylvia Enders weiß, was sich Katzen wünschen. Viele samtpfotige Gäste ihrer Pension »Felina« sind Stammkunden, die hier regelmäßig Urlaub machen und immer wieder gerne kommen.

56

»Wir kümmern uns intensiv um jede, auch um ihre Besonderheiten und Vorlieben«, erklärt Sylvia Enders. So wie um die der »Parmesankatzen«, die ihr tägliches Minutensteak nur anrühren, wenn Parmesankäse darübergehobelt wird. Oder wie um den nach einem Unfall inkontinenten Kater, dessen Windelhose täglich gewechselt wird. Tiere, die spezielle Kost brauchen oder mit Injektionen oder Tabletten versorgt werden müssen, können in Einzelzimmern gehalten werden. »Wir nehmen gern Katzen mit Handicap auf, weil wir froh sind, dass es Menschen gibt, die sich um solche Katzen kümmern. Und sie müssen auch einmal Urlaub ohne ihr Tier machen können«, bekräftigt Sylvia Enders.

ALLES, WAS SICH KATZEN WÜNSCHEN

Einzel- und Gruppenzimmer, mehrere Freigehege, viele Rückzugs- und Versteckmöglichkeiten auf verschiedenen Ebenen, Kuschelplätze, abwechslungsreiche Spiel- und Kletterangebote – und vor allem viel Liebe und Zuwendung. Welche Katze fühlt sich da nicht wie zu Hause?

ES GIBT VIEL ZU TUN

Für Beschäftigung ist überall im Haus »Felina« gesorgt: Kratzbäume, Klettersäulen, Hochsitze und Treppen gibt es reichlich, und mit Futter- oder Tüftelspielen können die Katzen ihre Pfotenfertigkeit und ihr Kombinationsvermögen testen. Sylvia Enders achtet darauf, dass die einzelnen Gruppen ihrer Gastkatzen von Alter, Geschlecht und Aktivität miteinander harmonieren: »Zu groß darf eine Gruppe nicht sein, sonst muss jede Katze ständig checken, wer mit wem gut oder weniger gut kann. Das führt nur zu Stress.«

CHECK-IN

»Erwachsene Katzen müssen kastriert und frei von Parasiten und ansteckenden Krankheiten sein. Und in jedem Fall ist der Impfpass bzw. ein gültiger Impfschutz erforderlich«, beschreibt die Pensionsbetreiberin die Anforderungen an die vierbeinigen Gäste. Auch positiv auf Leukose oder FIV getestete Tiere dürfen hier wohnen. Sie haben Einzelzimmer, die nach ihrem Aufenthalt speziell gereinigt werden.

AUS LIEBE ZUR KATZE

Warum Sylvia Enders eine Katzenpension betreibt? Ganz einfach: »Aus Liebe zur Katze und weil es so viele Menschen gibt, die in Urlaub fahren möchten und nicht wissen, wohin mit ihrer Katze.«

PROBLEME?

SO KOMMT'S WIEDER INS LOT

Wenn der Stubentiger auf die Barrikaden geht, hat das Gründe. Häufig sind veränderte Lebensbedingungen die Ursache – Veränderungen, die der Halter meist selbst nicht bemerkt. Ebenso typisch: der Entzug eines Vorrechts, das schon dem Kätzchen zugestanden wurde und auf das die erwachsene Katze nun weiterhin pocht.

DIE HÄUFIGSTEN PROBLEMFÄLLE

Katzen sind eigenständig. Sie passen sich unserem Lebensrhythmus an, ordnen sich aber nicht unter wie andere Heimtiere. Als Einzelgänger müssen ihre wilden Verwandten immer wieder blitzschnell entscheiden, wie sie sich in einer bestimmten Situation verhalten und welchen Nutzen sie daraus ziehen. In freier Wildbahn kann dabei richtig oder falsch den Unterschied zwischen vollem und leerem Magen, im Ernstfall zwischen Leben und Tod bedeuten.

So dramatisch läuft's bei der Haus-und-Hof-Fraktion nicht, der opportunistische Wesenszug prägt jedoch unvermindert auch das Verhalten der Hauskatze. Bedingungen, die sie in der Partnerschaft mit dem Menschen als inakzeptabel und nicht verhandelbar empfindet (→ *Das geht Katzen gegen den Strich, Seite 48*), sind häufig die Ursache von Verweigerung und Protest. Was wir unserem Stubentiger dann vorschnell als Fehlverhalten anlasten, ist in der Regel eine natürliche, bei genauer Betrachtung verständliche Reaktion auf unzumutbare Verhältnisse. Typische Beispiele: überaltertes Futter vom Vortag und die unsaubere Toilette. Andere Streitfälle betreffen Zugeständnisse, die der Halter seiner Katze macht, ohne die Konsequenzen zu bedenken. Beim Widerruf solcher Gewohnheitsrechte gibt es Ärger.

Giftspritze

Wenn die bisher freundliche Katze abweisend und aggressiv reagiert, ist das ein Indiz für eine einschneidende Zäsur in ihrem Leben. Oft geht es dabei um Eifersucht und den (vermeintlichen) Verlust von Vorrechten, wenn zum Beispiel ein Baby oder ein neues Heimtier die Hauptrolle spielt. Um sich nicht zurückgesetzt zu fühlen, braucht die Katze jetzt viel Zuwendung. Weitere Aggressionsauslöser: Vernachlässigung oder Verlust der Bezugsperson.

Kratzlust: Auch im Haus muss die Katze ihre Krallen schärfen können. Kratzbaum und -bretter sorgen dafür, dass Teppiche, Tapeten und Möbel verschont bleiben.

Dreckspatz

Verrichtet eine Katze ihr Geschäft irgendwo in der Wohnung, nicht aber in der Katzentoilette, ist das fast immer ein Protest gegen die Haltungsbedingungen. Am häufigsten betrifft es die Toilette selbst: Verschmutzte Streu oder Gerüche in der Haubentoilette beleidigen das Sauberkeitsempfinden jeder Katze. Tägliche Entnahme verschmutzter Einstreu und ein Geruchsfilter beenden den Protest. Auch der Wechsel des Toilettenstandorts und ständige Störungen beim Toilettengang sind typische Auslöser.

Angsthase

Überängstliche Katzen haben ein schweres Leben: Unbekannte Situationen versetzen sie in Panik, vor fremden Menschen flüchten sie. Nicht selten liegen die Ursachen in der Kindheit, wenn die Jungkatze keine Zuwendung erhielt oder zu früh von Mutter und Geschwistern getrennt wurde. Ein Halter, der seine Katze verhätschelt, stabilisiert dieses Verhaltensproblem. Die Katze muss lernen, dass ihr keiner Böses will (→ *Step by Step, Keine Angst vor Fremden, rechte Seite*), und ihr Mensch muss die Übermutterrolle aufgeben.

Bettelprofi

Bettelnde Katzen haben ihren Menschen erfolgreich konditioniert und nützen seine Nachgiebigkeit gnadenlos aus.

Dem Bettelprofi geht es letztlich weniger ums Futter selbst als darum, den Halter nach seiner Pfeife tanzen zu sehen. Die einzig mögliche Therapie: hundertprozentige Taubheit gegenüber jeder Bettelattacke. Dafür braucht es eine sehr stabile Persönlichkeit, um dem herzzerreißenden Klagen des penetranten Wegelagerers nicht auf den Leim zu gehen.

Suppenkasper

Lässt Mieze den Fressnapf links liegen, hat das meist handfeste Gründe: neue Futtersorte, zu altes oder zu kaltes Futter, Störungen beim Fressen. Hier kann man relativ leicht Abhilfe schaffen. Wenn Sie zulassen, dass Ihr Stubentiger nur seine Lieblingsbröckchen herausfischt (→ *Hartnäckige Vorlieben, Seite 89)*, sollte er einige Zeit von anderen Personen gefüttert werden, die diese Spielchen nicht akzeptieren. In seltenen Fällen wird eine Katze von dominanten Artgenossen unterdrückt und wagt sich deshalb nicht ans Futter. Diese Tiere müssen getrennt gefüttert werden.

....

/// INFO ///

....

Verhaltensänderungen sind oft auch Begleitsymptome von Krankheiten. Das gilt zum Beispiel für Fressunlust oder Futterverweigerung bei Zahn- und Zahnfleischerkrankungen, wie auch für Toilettenprobleme als Folge einer Nieren- oder Harnwegsentzündung. Lassen Sie Ihre Katze beim Verdacht auf eine Erkrankung vom Tierarzt untersuchen.

....

GEGEN DIE NATUR IST MAN MACHTLOS

Krallenwetzen gehört zum Verhaltensinventar einer Katze. Ähnlich ist es mit Knabbern an Pflanzen und Buddeln in weicher Erde. Der Kratzbaum für die Krallenpflege und Katzengras als Grünfutter verhindern, dass Möbel und Zimmerpflanzen leiden müssen. Als dämmerungsaktives Tier unternimmt die Katze von Zeit zu Zeit auch nächtliche Rundgänge in der Wohnung. Wenn Sie einen leichten Schlaf haben und davon aufwachen, sollten Sie mit Mieze vor dem Schlafengehen ausgiebig spielen, um auch bei ihr für die nötige Bettschwere zu sorgen.

Falscher Platz des Fressnapfs, kühlschrankkaltes Futter, neue Futtersorte – wenn die Katze nicht fressen will, kann das viele verschiedene Gründe haben.

KEINE ANGST VOR FREMDEN

Ängstliche Katzen stehen ständig unter Strom, um im Ernstfall von der Bildfläche zu verschwinden. Der Stress zehrt an den Nerven und macht krank. Im Hauruck-Verfahren geht gar nichts, doch mit etwas Geduld kommt auch das Vertrauen wieder.

Manche Katzen lernen schnell, dass ihnen Fremde nichts Böses wollen, bei anderen sitzt die Angst sehr tief.

61

Bitten Sie einen Freund oder Bekannten, den die Katze noch nicht oder nur selten gesehen hat, um Mithilfe, und verabreden Sie mit ihm einen längeren Besuchstermin. Die Katze kann das Besuchszimmer nicht verlassen, hat hier aber mehrere Versteckmöglichkeiten.

Bei Ankunft des Gastes ist die Katze verschwunden. Plaudern Sie über Gott und die Welt, oder spielen Sie eine Runde Karten. Garantiert lässt sich Ihr kleiner Angsthase erst blicken, nachdem der Besucher gegangen ist.

Wiederholen Sie diese Treffen. Beim zweiten oder dritten Meeting verlässt die Katze das Versteck, zögernd zwar, aber immerhin. Ihr Gast beachtet sie nicht. Irgendwann schnuppert sie an ihm, worauf er ihr vorsichtig die Hand hinhalten kann. Und bald schon lässt sie sich von ihm auch streicheln.

Sobald der kleine Hasenfuß sein Versteck verlässt und den fremden Besuch – wenn auch ängstlich – beäugt, hat man halb gewonnen.

Beim zweiten oder dritten, vielleicht auch erst beim fünften Besuch fasst sich die Katze ein Herz und beschnuppert die Hand des Gastes.

Der beißt ja gar nicht! Der Fremde scheint harmlos, und offensichtlich hat er auch ein Händchen für Katzen. Dann kann man sich schon mal von ihm verwöhnen lassen.

MEINE TRAUMKÄTZCHEN

BIS ZUM FLÜGGEWERDEN DABEI

◆

*ES IST EIN BESONDERES ERLEBNIS,
MEHR ALS DREI MONATE MITZUERLEBEN,
WIE AUS HILFLOSEN BABYS QUIRLIGE
JUNGKATZEN WERDEN. JANA WEICHELT
HAT DIE AUFREGENDE ZEIT GENOSSEN.*

◆

62

JANA WEICHELT verwirklichte sich einen Herzenswunsch, den sie schon lange hegte: Einmal im Leben sollte ihre Britisch-Kurzhaar-Kätzin Happy Nachwuchs haben. Um Abnehmer für die Jungtiere kümmerte sich Jana Weichelt frühzeitig. Das gestaltete sich nicht allzu schwierig, weil die dreijährige GracefulCats Happy Bumblebee, so der offizielle Rassename, eine Rassekatze mit Papieren ist und die Halterin auch beim Deckkater Golden Wagner no Demetra darauf achtete, dass er aus bestem Haus kommt.

≫→ Was war für Sie der Reiz, die ersten Wochen im Leben der Kätzchen einmal unmittelbar mitzuerleben?
JANA WEICHELT: Bei befreundeten Züchtern konnte ich schon mehrmals beobachten, wie die in den ersten Tagen völlig hilflosen Wesen sich innerhalb kurzer Zeit zu kleinen Persönlichkeiten entwickelten. Die Faszination, die das auf mich ausübte, gab dann schließlich auch den Anstoß dazu, es selbst einmal mit Katzennachwuchs zu versuchen. Zum Glück wusste ich erfahrene Züchter in meiner Nähe, bei denen ich mir im Fall der Fälle Rat holen könnte. Sonst hätte ich mich an dieses große Abenteuer wahrscheinlich

nicht herangewagt. Ein Abenteuer war es tatsächlich – und ein kleines Wunder, was die Natur in nur wenigen Wochen vollbringen kann. Obwohl die Kitten taub und blind auf die Welt kommen, finden sie schon unmittelbar nach der Geburt ihren Weg zu Mamas Milchbar. Nur vier Wochen später kann man sie kaum wiedererkennen: Es sind bereits richtige kleine Katzenpersönlichkeiten, die ihre Umgebung mit nahezu unersättlicher Neugier Tag für Tag mehr erkunden, meist zu zweit oder dritt, um sich gegenseitig Mut zu machen. Anfangs noch tollpatschig und unsicher auf den Beinen, entpuppen sie sich schon bald als fast perfekte Sprung- und Kletterartisten und machen zunehmend geschickter Jagd auf Beutetiere.

≫→ Wenn ein fremder Zuchtkater zur Kätzin kommt, ist das oft nicht einfach. Ging mit Ihrer Katze alles gut?
JANA WEICHELT: Man kann nicht unbedingt sagen, dass es Liebe auf den ersten Blick war. Golden Wagner musste schon viel Überzeugungsarbeit leisten, damit Happy sich von ihm decken ließ. Nach einiger Zeit erkannte sie dann aber doch, dass es besser und weniger anstrengend ist, sich mit dem Kater zu vertragen, als ihn ständig anzufauchen.

Mama passt auf: So ganz klappt's mit dem Aufstehen noch nicht.

▶ Hat sich Happys Verhalten während der Trächtigkeit erkennbar verändert?

JANA WEICHELT: Ja, meine kleine und normalerweise ziemlich quirlige Happy wurde im Laufe der Trächtigkeit sehr viel bedächtiger und anhänglicher. Immer wieder suchte sie meine Nähe. Unübersehbar war ihr enormer Appetit: Ich hatte oft den Eindruck, dass sie für mindestens zehn futterte. Witzig fand ich, dass sie es häufig mit einem lustigen Maunzen kommentierte, wenn die Kätzchen in ihrem Bauch besonders heftig strampelten.

▶ Für einige Katzenrassen sind Geburtsprobleme nicht untypisch. Wie war das bei Ihrer Britisch Kurzhaar?

JANA WEICHELT: Schon mehrere Tage vor der Geburt wurde Happy zunehmend unruhiger. Die Wurfkiste war natürlich schon vorbereitet. Dorthin lief sie immer wieder, zerwühlte das Lager und rief laut maunzend nach mir. Die letzten Nächte vor der Geburt habe ich dann kaum mehr Schlaf bekommen, weil Happy keine Minute mehr allein sein wollte. Doch dann lief alles ohne Probleme.

▶ Mussten Sie der Mutter bei der Geburt Hilfestellung leisten, oder hat sie alles allein bewältigt?

JANA WEICHELT: Die Geburt dauerte doch recht lange: Von den ersten Presswehen bis zum Austritt des letzten der sechs Jungen vergingen acht Stunden. Dabei musste ich Happy beim Abnabeln der Kleinen assistieren und sie aus den Fruchthüllen befreien. Für eine erstgebärende Katze ist es nicht ungewöhnlich, dass sie Hilfe braucht. Mich kostete es jedoch etwas Überwindung. Erschöpft, aber glücklich haben wir es überstanden. Und alle Jungen waren gesund.

▶ Zehn Wochen sind die Jungen und kommen bald zu neuen Familien. Der Abschied fällt sicher nicht leicht.

JANA WEICHELT: Bis meine kleinen Wohnungstiger ausziehen, dauert es zum Glück noch vier bis sechs Wochen, da ich sie erst mit 14 bis 16 Wochen abgebe. Dann sind sie optimal auf den Start ins neue Zuhause vorbereitet. Ich lasse sie mit einem weinenden und einem lachenden Auge gehen. Sechs Katzenkinder machen unendlich viel Freude, aber auch genauso viel Arbeit. Die Kleinen haben das große Glück, immer ein Geschwisterchen bei sich zu haben: doppeltes Katzenglück für die neuen Familien und für mich die Gewissheit, dass keines der Kätzchen ein einsames Dasein fristen muss. Alle Familien habe ich in den letzten Wochen näher kennengelernt und freue mich an ihrer Begeisterung für die Kleinen – das macht das Abschiednehmen einfacher.

▶ Haben Sie Tipps für Halter, die wie Sie die ersten Wochen mit jungen Katzen einmal selbst erleben wollen?

JANA WEICHELT: Machen Sie sich unbedingt vorher schlau, um für das gewappnet zu sein, was auf Sie zukommt. Die über drei Monate mit den jungen Katzen sind nicht immer nur schön, sondern machen viel Arbeit, kosten Zeit und Geld (für Futter, Streu, Impfungen und andere Besuche beim Tierarzt). Das Wichtigste aber: Suchen Sie frühzeitig Abnehmer mit Herz für den Nachwuchs Ihrer Katze.

63

Naseweis und voller Tatendrang: Mit sechs Wochen ist der Nachwuchs schon absolut fit. Jetzt steht die Erkundung der großen neuen Welt auf der Tagesordnung.

INFO

Selbst wenn sich die Kätzin hingebungsvoll um den Nachwuchs kümmert: Die ersten Wochen sind auch für den Halter eine stressige Zeit.

SEX & MUTTERFREUDEN

UND DIE LIEBEN KLEINEN

Liebe machen ist in Katzenkreisen beschwerlich. Vor allem für die Kater. Erst will sie,
dann nicht, schließlich doch … oder vielleicht wieder nicht. Und wenn es endlich
klappt, gibt's für den Liebhaber oft noch Hiebe. Sehr viel zärtlicher gehen Katzenmütter
mit ihrem Nachwuchs um. Der wird geputzt, verhätschelt und beschützt.

HEISSE ZEITEN

Als Katzen noch nicht wohlbehütet in wohltemperierten
Wohnungen lebten, war die Sache ziemlich übersichtlich:
Von der Tageslänge und den Klimabedingungen hing es ab,
dass ein Weibchen zwei- bis dreimal im Jahr paarungsbereit
(rollig) wurde, in der Regel zwischen März und April und
Juni und September. Auf die (nicht kastrierten) Damen mit
regelmäßigem Auslauf trifft das zum Teil noch zu, auf reine
Stubentigerinnen allerdings kaum mehr.

So langsam wird's beschwerlich: Wenn sich der Bauch zu runden beginnt, lässt es die werdende Mutter meist geruhsamer angehen und wird auch häuslicher.

Wild auf Kerle

Die paarungsbereite Kätzin ruft laut klagend nach Katern,
läuft ruhelos in der Wohnung herum, wälzt und rollt sich
am Boden und ist extrem verschmust. Auf Berührungen
und Streicheln reagiert sie mit der Paarungsstellung, duckt
sich, geht ins Hohlkreuz, streckt den Hintern hoch, legt den
Schwanz zur Seite und trampelt (»tretelt«) mit den Hinterbeinen. Beim Herumwandern im Haus bleibt es nicht, die
Kätzin nutzt jede Chance, um nach draußen zu kommen
und Geschlechtspartner zu suchen. Wird sie in der heißen
Phase nicht gedeckt, kann sie 14 Tage und länger rollig bleiben und wenige Wochen später wieder in Hitze kommen.

Casting-Show: Freier gesucht

Kater können immer. Die Liebesrufe der Kätzin stoßen bei
ihnen daher nie auf taube Ohren. Noch verführerischer
wirkt der Sexuallockstoff, den das heiße Weibchen ver-
strömt. Er zieht die Männer selbst über mehrere Kilometer
hinweg an. Freier aus allen Himmelsrichtungen finden sich
schließlich am Haus der Dame ein. Dezent und leise geht es
dabei nicht zu. Nicht selten geraten sich die Lover in spe so
heftig in die Wolle, dass Blut fließt. Ihre schrillen Gesangs-
darbietungen, oft als »Ständchen« für die Kätzin angesehen,

sind in Wirklichkeit eher Kriegsgesänge, mit denen man der Konkurrenz das Fürchten lehren will. Zum Fürchten sind sie tatsächlich, aber vor allem für menschliche Ohren.

Die Kätzin schaut sich das Treiben vor ihrer Haustür unbewegt und scheinbar desinteressiert an. Erfahrene Liebeswerber bleiben jetzt lieber noch auf Distanz, ungestüme jüngere Geschlechtsgenossen, die Sex mit der Brechstange erzwingen wollen und dem Weibchen zu nahe kommen, holen sich höchstens einen Satz heiße Ohren.

Auch wenn die Herren gern den Macho geben, die Entscheidung, wer mit ihr Liebe macht, trifft stets und ganz allein die Dame. Nach welchen Kriterien sie ihre Wahl trifft, lässt sich kaum nachvollziehen. Es muss jedenfalls nicht unbedingt der Größte und Stärkste sein, oft hat ein eher unscheinbares Kerlchen die Nase vorn, dem die Kätzin dann manchmal sogar über Jahre die Treue hält.

Rühr mich nicht an … oder vielleicht doch?

Ein flüchtiger Blickkontakt, ein dezentes Maunzen – und der Auserwählte weiß Bescheid. Eitel Sonnenschein ist aber nicht angesagt: Vor dem Vergnügen warten noch Stress und sportlicher Einsatz auf den Freier. Die Kätzin wälzt sich auffordernd am Boden und ruft leise nach ihm. Doch kaum nähert er sich, läuft sie weg. Immer allerdings nur ein paar Schritte und nicht ohne sich mit einem kurzen Blick über die Schulter zu versichern, dass er ihr folgt. Dieses Kokettierflucht genannte Hasch-mich-Spielchen geht so lange, bis die Kätzin schließlich irgendwann beschließt, dass es genug ist, an Ort und Stelle verharrt, ihren Lover nicht mehr abweist und die Paarungsstellung einnimmt.

Die Paarung selbst ist der kürzeste Akt des Showdowns und dauert nur wenige Augenblicke. Der Kater reitet auf, packt das Weibchen mit den Zähnen im Nackenfell und begattet sie. Für weitere Intimitäten bleibt keine Zeit, der Lover steigt sofort ab und bringt sich in Sicherheit. Woran er gut tut, denn oft dreht sich die Kätzin um und versetzt ihm saftige Pfotenhiebe. Auslöser der ungnädigen Aktion ist der stachelbewehrte Penis, der die Wand der Scheide

Expedition ins Grüne: Nur gemeinsam bringen die Youngster den Mut für größere Ausflüge auf.

beim Zurückziehen schmerzhaft reizt. Der Groll ist aber bald vergessen, und das Weibchen fordert ihren Freier zum nächsten Liebesakt auf – der nicht der letzte bleiben wird.

63 TAGE TO GO

In den ersten Wochen ist alles wie immer, weder körperlich noch im Verhalten erkennt man, dass die Kätzin trächtig ist. Später rundet sich das Bäuchlein, die Zitzen treten hervor, und viele werdende Mütter werden häuslicher und anhänglicher. Aber selbst diese Symptome können lange Zeit unauffällig bleiben, sodass mancher Halter erst wenige Tage vor der Geburt feststellt, dass da jemand demnächst knuddeligen Nachwuchs erwartet.

65

Die Augen und Ohren haben sie schon offen, aber für die Winzlinge in der Wurfkiste zählen nur Schlafen, Kuschelwärme bei Mama und den Geschwistern tanken und sich an der Milchbar das Bäuchlein vollschlagen. Das ändert sich allerdings schnell.

Es gibt Kätzinnen, die bis zum Schluss entspannt bleiben und erst ein oder zwei Tage vor der Geburt nach einem passenden Wurfplatz suchen, andere inspizieren bereits Wochen vorher Schränke und Kisten auf Eignung. Bieten Sie Ihrer Katze eine Wurfkiste an, die mit einem Innenmaß von mindestens 50 x 70 cm Mutter und Nachwuchs genügend Platz bietet. Ein 20 bis 30 cm hoher Rand verhindert zu frühe Ausflüge der Kleinen. Ausgestattet wird sie mit Polstern, Decken und mehreren Lagen Zeitungspapier. Was immer im Kopf der Kätzin vor sich geht: Es kann durchaus sein, dass sie selbst an einer perfekten Wurfkiste keinen Gefallen findet und sich erneut auf die Suche nach einem Geburtsplatz macht, der ihren Vorstellungen entspricht.

ALLES EASY UND NACH PLAN

Die Jungen erblicken nach ca. 63 Tagen das Licht der Welt, die einiger orientalischer Rassen häufig schon ein paar Tage früher. In den letzten Stunden vor der Geburt wird die Katze ruheloser und frisst nicht mehr. Bleiben Sie in ihrer Nähe, wenn sie es erlaubt. Bei erfahrenen Müttern verläuft die Geburt fast immer ohne Probleme, auch Erstgebärende wissen meist, wie sie sich verhalten müssen. Komplikationen kann es bei einigen Rassekatzen (zum Beispiel Persern) geben. Hier sollten Sie für den Notfall gerüstet sein und vorab klären, ob Ihr Tierarzt erreichbar ist.

Je nach Jungenzahl dauert eine Geburt eine bis zwei Stunden, selten vier oder fünf Stunden. Die Neugeborenen sind 12 bis 15 cm groß und wiegen 80 bis 120 Gramm. Die Mutter beißt die Nabelschnur durch, befreit die Kleinen von der Fruchthülle und leckt sie trocken. Trennt eine verunsicherte Erstgebärende die Nabelschnur nicht, müssen Sie den Job übernehmen: Nabelschnur mit der Schere drei Zentimeter vor dem Nabel durchschneiden und Schnittstelle zusammendrücken, um die Blutung zu stoppen.

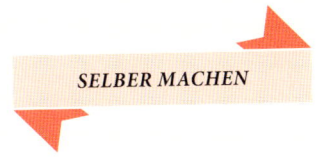

TRAUMHAFTER KUSCHELSACK

Superflauschig und wunderbar warm. Was will Katze mehr? Und Sie selbst
wissen, wie man mit der Nähmaschine eine gerade Naht
hinbekommt? Na dann: Gönnen Sie Ihrem Schmusetiger diesen Kuscheltraum.

SIE BRAUCHEN:

Kuschelstoff mit den Maßen 98 x 74 cm, Volumenvlies mit
100 x 50 cm, Dekostoff mit 100 x 52 cm, Nähmaschine,
Stecknadeln und Schere.

1 Kuschelstoff an der langen Seite mittig falten. Dann die
kurze Seite (74 cm) zusammennähen. Volumenvlies
bündig auf die Innenseite des Dekostoffs legen. Überste-
hendes Ende das Dekostoffs um das Volumenvlies legen
und zusammennähen. Danach wie beim Kuschelstoff die
lange Seite mittig falten und die kurze Seite zusammennähen (Volumenvlies nach außen). Die beiden »Schläuche«
so legen, dass die Naht nach oben zeigt und mittig liegt.
Jetzt untere Kanten zusammennähen, wodurch zwei Säcke
entstehen. Anschließend den Sack mit dem Volumenvlies
umkrempeln, damit der Dekostoff außen liegt.

2 Kuschelstoffsack in Dekostoffsack schieben. Achten Sie
darauf, dass die Ecken ineinanderstecken und die Nähte
übereinanderliegen.

3 Überstehenden Kuschelstoff einmal einkrempeln, die
Kanten der Stoffe müssen aneinanderliegen. Nochmals
einkrempeln, damit der Kuschelstoff über dem Dekostoff
liegt. Zum Schluss die Stoffe ringsherum zusammennähen.

TIPP

*Bei Bestellung
über DaWanda
(→ unten) gibt es
kostenlos ein
farblich passendes
Kuschelkissen in
Knochenform
dazu. Auf
Anfrage ist der
Kuschelsack in
vielen Farben
und in anderen
Größen lieferbar.*

67

*Diese Anleitung stammt von Bastelpünktchen (Katja Werner).
In ihrem Shop http://de.dawanda.com/shop/Bastelpuenktchen
kann man den Kuschelsack auch direkt kaufen.*

Kontrollieren Sie, ob es den Jungen gut geht, ersetzen Sie die durchnässten Zeitungen durch trockene, und stellen Sie den Trinknapf neben das Wurflager. Nach der stressigen Geburt braucht die Mutter jetzt vor allem viel Ruhe. Später duldet sie befreundete Weibchen an der Wurfkiste, manchmal auch den Vater, ansonsten sollten Katzenmutter und Kinder aber möglichst wenig gestört werden.

MAMA NIMMT IHRE PFLICHTEN ERNST

Katzen kommen blind und taub zur Welt und sind völlig hilflos. Nur Mamas Milchdrüsen finden sie dank ihres guten Geruchssinns. Vollzeitbetreuung ist für die Mutter in den ersten drei Wochen Pflicht, sie kommt kaum dazu, einen Happen zu essen oder ihr Geschäft zu verrichten.

Zum Glück marschieren die jungen Katzen im Eiltempo durch die Kinderstube: Nach zwei Wochen öffnen sie bereits die Augen und reagieren auf Geräusche, die ersten Milchzähne brechen in der 3. Lebenswoche durch. Was bisher unbeholfen und unkoordiniert ablief, ändert sich ab der 4. Woche rasant: Von Tag zu Tag bewegen sich die Kids sicherer, wilde Balgereien und ungestüme Verfolgungsjagden sind jetzt ihre Hauptbeschäftigung. Bis zur Abgabe mit 12 bis 16 Wochen bleibt die Mutter das große Vorbild der Kleinen. Von ihr lernen sie, was im Umgang mit den Artgenossen erlaubt und was tabu ist. Sie zeigt ihnen auch, wie man mit Beutetieren umgeht – anfangs am toten Anschauungsmaterial, später mit lebenden. Feste Nahrung nimmt der Nachwuchs ab der 4. Lebenswoche an, Mamas Milchbar bleibt nach der 6. Woche immer häufiger geschlossen. Die Weibchen werden mit sechs bis neun Monaten geschlechtsreif, Kater ca. einen bis zwei Monate später. Ausgewachsen sind Katzen mit 12 bis 15 Monaten, einige Rassen allerdings erst nach zwei Jahren oder später.

DER KLEINE UNTERSCHIED

Vom Körperbau und Verhalten lassen sich Kätzin und Kater nicht immer zweifelsfrei unterscheiden, obwohl die Herren meist größer, kräftiger und schwerer als die Damen sind und ein eher gedämpftes Temperament an den Tag legen. Eindeutig zuordnen kann man die äußeren Geschlechtsmerkmale: Bei der Kätzin liegt die schlitzförmige Scheide direkt unter dem After, den erwachsenen Kater erkennt man an der Wölbung seiner Hoden, die zwischen runder Geschlechtsöffnung und After liegen.

KASTRATION

Lassen Sie bitte jede Katze kastrieren, mit der nicht gezüchtet werden soll. Der Tierarzt entfernt dabei beim Weibchen die Eierstöcke, beim Kater die Hoden (→ *Kontrollierte Familienplanung, Seite 100*). Der Eingriff erfolgt in der Regel nach Erreichen der Geschlechtsreife. Kätzinnen sind ab dem 6. Lebensmonat (Orientalen zum Teil früher), Kater mit ca. acht Monaten reif, um Liebe zu machen.

....

/// TIPP ///

....

Streunende Katzen haben kein schönes Leben, und unsere Tierheime sind übervoll mit Katzen, die irgendwann nicht mehr erwünscht waren. Ihre Katze sollte nur Nachwuchs bekommen, wenn Sie schon vorher Abnehmer für die Kätzchen gefunden haben. Vergewissern Sie sich unbedingt, dass die Interessenten ihre Zusage ernst meinen und nicht wieder abspringen. Die Kastration ist der sicherste Weg, um ungewollten Kindersegen zu unterbinden.

....

Attacke! In wilden Kampfspielen testen die jungen Rabauken Fitness und Koordinationsvermögen. Oft zeigt sich jetzt schon, wer später einmal den Ton angeben wird.

DIE REISEBOX LIEBEN LERNEN

Die Transportbox gehört zur Grundausstattung und steht schon parat, wenn die Katze bei Ihnen einzieht. Akzeptiert sie die Box als Zweitwohnsitz, geht sie auch vor einer Reise freiwillig hinein und erspart Ihnen und sich so Stress und Ärger.

Auch mit dem Clicker lernt Mieze die Box schnell lieben (→ Literatur, »Katzen – Clickertraining«, Seite 139).

Unter der Treppe oder im Keller? Der denkbar schlechteste Platz für die Transportbox Ihrer Katze. Die Box gehört mitten ins Katzenleben, also auf eine der Verkehrsrouten, auf denen die Katze regelmäßig durch die Wohnung wandert. Ein erhöhter Standort steigert die Attraktivität.

Eine nackte Plastikbox verleitet kaum eine Katze dazu, sich in ihr häuslich niederzulassen. Legen Sie die Box mit einer Kuscheldecke und einem weichen Kissen aus. Einige Leckerbissen im Inneren machen die Erstinspektion schmackhaft. Die Gittertür der Box bleibt immer offen.

Um für Reisen oder Fahrten zum Tierarzt gewappnet zu sein, testen Sie, ob die Katze in der Box die geschlossene Gittertür akzeptiert. Heben Sie jetzt die Box kurz an. Klappt auch das, tragen Sie die Box mit Katze längere Zeit herum.

Eine vertraute Kuscheldecke macht die Reisebox wohnlicher – und fürs Lieblingsspielzeug Ihrer Katze ist sicher auch noch Platz.

Am Anfang braucht es etwas Zuspruch und ein paar Leckerbissen, um den Stubentiger zum Schnupperbesuch in der Box zu animieren.

Hat Ihre Katze die Qualitäten der neuen Kuschelhöhle entdeckt, erklärt sie die Transportbox garantiert zu einem Stammwohnsitz. Die Tür bleibt natürlich immer offen.

SORGLOSFERIEN

ALL-INCLUSIVE FÜR MIEZE

Hauskatzen sind keine Reisekatzen. Ob Tagestour, Wochenendtrip oder dreiwöchige Sommerfrische im Süden, als Urlaubsbegleiterin ist die Katze denkbar ungeeignet. Mit etwas Vorplanung und einer verlässlichen Ferienbetreuung stellen Sie sicher, dass es Ihrem Stubentiger zu Hause gut geht und Sie den Urlaub genießen können.

70

INFO

Darf die Katzenklappe im Urlaub offen bleiben? Keine einfache Frage. Abends sollte sie auf jeden Fall geschlossen werden, etwa von einem hilfsbereiten Nachbarn.

ZU HAUSE, WO SONST!?

Im Urlaub zu Verwandten, Freunden, in eine Pension oder lieber in der Wohnung bleiben? Könnte gar nicht überflüssiger sein, diese Frage, da sind sich alle Katzen einig. Wer im Haus bleibt, muss sich jedoch benehmen und darf keinen Gefahren ausgesetzt sein. Kontrollieren Sie vor Reisebeginn die heiklen Stellen in der Wohnung. Am besten zu zweit auf Inspektion gehen, vier Augen sehen mehr als zwei. Für Tabuzonen wie Schlafzimmer und Küche erhält Ihre Katze auch in den Ferienwochen keinen Passierschein.

BETREUER GESUCHT

Der Wohnungscheck steht eigentlich ganz am Ende der Reisevorbereitungen. Zuvor haben Sie sich schon um die Betreuung des Stubentigers in der Wohnung gekümmert. Anlaufstellen gibt es mehrere, prüfen Sie gründlich, welche für Ihre Verhältnisse die richtige ist. Der Betreuer sollte nicht nur nach Futter, Trinkwasser und Katzentoilette sehen, sondern sich Zeit für die verwaiste Katze nehmen, um sie zu streicheln, mit ihr zu schmusen und zu spielen.

⊛ Nachbarn Gut: Können mehrmals täglich nach der Katze schauen. Weniger gut: Kennen sich oft nicht mit Katzen aus.

⊛ Freunde, Verwandte Gut: Sind mit der Katze vertraut und kennen die Wohnung. Weniger gut: Wohnen oft weiter entfernt und kommen meist nur einmal am Tag vorbei.

⊛ Catsitter Gut: Hat viel Erfahrung mit Katzen, auch mit anspruchsvollen und problematischen Tieren. Weniger gut: Betreut in der Regel mehrere Katzen und kann oft nur einmal am Tag vorbeikommen. Der Catsitter lernt Wohnung und Katze vor Ihrer Reise kennen und wird von Ihnen eingewiesen (→ rechte Seite).

Freiheit, die ich meine! Das Glück der Outdoor-Katze ist die Katzenklappe, die ihr Auslauf nach Lust und Laune erlaubt. Ob das auch für die Urlaubszeit gilt, muss jeder Halter für sich entscheiden.

Das volle TV-Programm: Jede Wohnungskatze sollte einen Fensterplatz mit Blick nach draußen haben, ganz besonders, wenn sie in der Ferienzeit allein im Haus bleiben muss.

◉ Haushüter Gut: Je nach Absprache kontrolliert der Haushüter mehrmals täglich Wohnung oder Haus und versorgt auch die Katze. Weniger gut: Ist nur selten Katzenkenner.

EIN PLATZ IN DER KATZENPENSION

Kümmern Sie sich rechtzeitig um den Termin, wenn Ihre Katze in eine Katzenpension soll. Speziell im Sommer sind viele Pensionen belegt. Vom Tierarzt und Tierschutzverein erhalten Sie Adressen empfehlenswerter Katzenpensionen. Schauen Sie sich die Unterbringung an, bevor Sie buchen.

URLAUBSAKTION DES TIERSCHUTZBUNDES

In jedem Jahr vermittelt der Deutsche Tierschutzbund über seine Mitgliedsvereine Urlaubsplätze für Heimtiere. Dabei bieten sich die Teilnehmer der Aktion meist auch selbst für die Betreuung eines Tieres an. Das Motto der von April bis September laufenden Aktion lautet »Nimmst du mein Tier, nehm' ich dein Tier«. Während dieser Monate ist auch der Urlaubs-Beratungsservice des Tierschutzbundes erreichbar: Tel. (02 28) 6 04 96-27 (Mo–Do 9–17 Uhr, Fr 10–16 Uhr).

CATSITTER

Vereinbaren Sie den Termin mit dem Catsitter so früh wie möglich. Das will er im Vorgespräch wissen:

◉ Zeigt die Katze besondere Verhaltensweisen?
◉ Was sind die üblichen Fütterungstermine?
◉ Braucht sie Diätkost oder Medizin?
◉ Wo wird verschmutzte Toilettenstreu entsorgt?
◉ Darf sie ins Freie? Gibt es eine Katzenklappe?
◉ Wo findet man Futter, Katzenstreu oder auch Arznei?
◉ Wo sind Katzenapotheke und Transportbox?
◉ Muss die Katze gekämmt und gebürstet werden?
◉ Haben andere Personen Zugang zur Wohnung?

Geben Sie dem Catsitter auch Ihre Urlaubsadresse und die Mobilnummer sowie die Kontaktdaten Ihres Tierarztes.

TIPP

Wer häufig unterwegs ist, sollte seiner Katze eine Artgenossin gönnen. Zu zweit ist man nicht so allein.

71

/// INFO ///

EU-Heimtierpass: Falls Ihre Katze doch einmal mit auf Reisen geht, braucht sie für die Länder der Europäischen Union den EU-Heimtierpass. Er ist ihr Personalausweis und enthält die Identifikationsnummer des Mikrochips (→ *unten*), sowie Angaben zum Tier, seinem Besitzer und den Schutzimpfungen. Besonders wichtig: Der Ausweis muss den gültigen Impfschutz gegen Tollwut bescheinigen.

Mikrochip: Der Mikrochip ist so groß wie ein Reiskorn und wird vom Tierarzt unter die Haut der Katze gespritzt. Auf ihm ist eine Identifikationsnummer gespeichert, die das Tier individuell und unverwechselbar kennzeichnet. Die Nummer kann mit einem Scanner (Lesegerät) erfasst werden, zum Beispiel bei Grenzkontrollen.

Registrierung: Heimtiere mit Chip können im Deutschen Haustierregister registriert werden, das bei vermissten Tieren eine bundesweite Suche einleitet. Auch Tasso e. V. arbeitet mit einer Datenbank und einer zentralen Notrufnummer. Die Internationale Zentrale Tierregistrierung ifta unterhält zudem eine weltweit erreichbare Rufnummer, über die man den Fund registrierter Tiere melden kann (→ *Adressen, Seite 138*).

SERVICE MIT HERZ

DAS RUNDUM-SORGLOSPAKET FÜR ERNÄHRUNG, PFLEGE UND GESUNDHEIT

Wilde Katzen haben die Welt erobert und kommen überall zurecht. Die Hauskatze hat den Menschen erobert und fährt damit mindestens genauso gut – liebevoll betreut und bestens versorgt. Service mit Herz eben.

FRISCH, LECKER & GESUND
DER KATZENFUTTER-CHECK

Gesundheit fängt beim Essen an. Hört sich nach altchinesischer Weisheit an. Ist es vielleicht auch, stimmt aber auf jeden Fall. Auch und gerade für die Katze. Früher war die Maus das Maß der Dinge, heute geht kein Weg an der ausgewogenen, auf Lebensalter und Energiebedarf des Stubentigers abgestimmten Futterration vorbei.

FLEISCH – UND BITTE VOM FEINSTEN!

Die Katze ist eine Fleischfresserin. Ihr Organismus braucht hochwertiges Fleisch, zum Beispiel Muskelfleisch von Rind, Huhn und Fisch, das lebenswichtige (essenzielle) Aminosäuren liefert. Eine Unterversorgung mit Aminosäuren schwächt Miezes Immunabwehr, es kommt zu Herzschäden, Stoffwechselstörungen und Sehverlust. Katzenfutter muss deshalb mindestens zu einem Viertel tierisches Eiweiß enthalten, der Mindestbedarf der jüngeren Fraktion liegt noch höher. Innereien wie Nieren, Lunge und Leber haben dagegen nur einen geringen Nährwert, sie können den Eiweißbedarf des Stubentigers nicht decken. Schweinefleisch ist für Katzen sogar absolut tabu (→ *Info, Seite 76*).

ZU VIELE KOHLENHYDRATE MACHEN DICK

Neben den Proteinen (Eiweiß) gehören Kohlenhydrate und Fette zu den Grundbausteinen der Ernährung. Bei guter Protein- und Fettversorgung können Katzen für einige Zeit ohne Kohlenhydrate auskommen, was bei wild lebenden Katzen immer wieder der Fall ist, weil ihre Nahrung nur wenige Kohlenhydrate enthält. Kohlenhydrate wie Zucker und Stärke liefern schnell verfügbare Energie, wie sie zum Beispiel für säugende Katzenmütter wichtig ist.

Kartoffeln, Haferflocken und Vollkornnudeln sind reich an Kohlenhydraten. Wie alle pflanzlichen Produkte müssen sie vor dem Verfüttern erhitzt werden. Für Katzen unverdaulich sind Hülsenfrüchte und Kohl. Zu viel Zucker (über 20 Prozent Trockenmasse) macht aus Mieze einen Moppel.

LECKERSCHMECKER LIEBEN FETT

Weil Fett doppelt so viel Energie liefert wie Kohlenhydrate und schnell dick macht, wird es häufig als überflüssig und

Knabberstoff: Eine Schale mit frischem Katzengras gehört in jeden Katzenhaushalt. Die Grünkost erleichtert das Erbrechen von Haarballen und regelt die Verdauung.

schädlich an den Pranger gestellt. Doch die Fette erfüllen elementare Aufgaben: Sie erleichtern die Verdauung und sorgen dafür, dass verschluckte Haare abgeführt werden. Mangel an Fett verursacht Wachstums- und Hautprobleme.

Entscheidend ist neben der Qualität der Fette das Verhältnis tierischer zu pflanzlichen Fetten. Pflanzliche Fette sind gut verdaulich und reich an ungesättigten Fettsäuren, die vom Stoffwechsel benötigt werden. Gesättigte Fettsäuren liefern Energie. Der Fettanteil in der Katzennahrung muss mindestens neun Prozent betragen. Er bestimmt den Geschmack und entscheidet wesentlich darüber, ob Mieze das Futter akzeptiert. Katzen vertragen Nahrung mit bis zu 40 Prozent Fettgehalt. Wenn es nach Ihrem Stubentiger gehen würde, dürfte die Mahlzeit in seinem Fressnapf gern fetthaltiger sein. Allerdings wäre dann schnell seine schlanke Linie in Gefahr.

OHNE VITAMINE LÄUFT NICHTS

Vitamine sind an fast allen Vorgängen im Körper beteiligt, regulieren sie oder machen sie zum Teil erst möglich. Viele Vitamine müssen zugeführt werden, da der Körper sie nicht selbst produzieren kann. Das geschieht vor allem über die Nahrung. Vitaminmangel kann bei Mieze Erkrankungen und Entwicklungsstörungen zur Folge haben. Überdosierte Vitamine werden meist ausgeschieden. Im Gegensatz zum Menschen kann die Katze Vitamin C selbst herstellen. Gutes Katzenfutter enthält alle Vitamine, die der Stubentiger braucht (Vitamin A, B-Komplex, D, E und K). Zusätzliche Vitamingaben sind höchstens für trächtige Tiere, im Alter und bei Krankheit nötig.

Vitaminreich sind Fisch, Eier und Getreideprodukte, die jeweils gekocht verfüttert werden müssen. Auch etwas Gemüse wie gedünstete Karotten und Zucchini eignet sich.

MINERALSTOFFE UND SPURENELEMENTE

Mineralstoffe werden ähnlich wie Vitamine für viele Stoffwechselvorgänge benötigt. Das gilt besonders für Natrium, Kalium, Kalzium, Phosphor und Magnesium. Besonders junge Katzen, aber auch trächtige und säugende Kätzinnen haben einen erhöhten Mineralstoffbedarf.

Obwohl der Körper Spurenelemente nur in kleinsten Mengen braucht, sind diese Nährstoffe lebenswichtig, unter anderem Eisen für die Blutbildung, Fluor für Zähne und Knochen und Zink für Haut und Fell.

BALLASTSTOFFE REGELN DIE VERDAUUNG

Die meisten Ballaststoffe sind unverdaulich. Trotzdem sind sie unverzichtbar, weil ohne sie Miezes geregelte Magen-Darm-Tätigkeit ins Stocken gerät. Sie regen die Verdauung an, binden Wasser und Stoffwechselgifte und sorgen für den Transport des Speisebreis. Für die Katze eignen sich Weizenkleie, Weizenkeime, Karotten, Kürbis und andere pflanzliche Produkte.

....
/// **INFO** ///
....

Rohes Schweinefleisch darf nicht an Katzen verfüttert werden, da es die tödlich verlaufende Aujeszkysche Krankheit übertragen kann. Das Virus wird erst durch Erhitzen über 60 °C abgetötet, tiefgekühlt hingegen ist es selbst nach mehreren Monaten noch lebensfähig. Einen Impfschutz gibt es nicht, infizierte Tiere sterben nach spätestens zwei Tagen. Da die Krankheitssymptome denen der Tollwut ähneln, wird die Krankheit auch »Pseudowut« genannt.

....

Wasser marsch! Alle Katzen trinken wenig, ein Erbe ihrer Wüsten bewohnenden Vorfahren. Der tropfende Wasserhahn oder ein Springbrunnen können Ihre Mieze zum Trinken animieren.

EDLE LACHSHÄPPCHEN

Wildlachs vom Feinsten – da kann kein Schleckermaul widerstehen. Genau die richtige Wiedergutmachung, wenn Ihre Katze lange auf Ihre Heimkehr warten musste.

SIE BRAUCHEN:

250 g Wildlachs, 80 g Maisgrieß, 50 g helles Dinkelmehl und 1 Ei

Zubereitungszeit 7–10 Minuten, Backen 25–30 Minuten

1 Backofen auf 160 °C (Umluft 150 °C) vorheizen. Den Wildlachs mit dem Stabmixer zu feinem Mousse pürieren. Dann das Ei zugeben und beides mit dem Handrührgerät cremig aufschlagen. Nach und nach Grieß und Dinkelmehl untermengen.

2 Mit Spritzbeutel Teigtröpfchen (ca. 1 cm Durchmesser) auf das mit Backpapier belegte Backblech spritzen.

3 Im Backofen auf der mittleren Einschubhöhe 30 Minuten backen.

Fisch ist reich an Proteinen, Vitaminen und Mineralstoffen. Rohen Fisch aber nicht öfter als zweimal pro Woche füttern.

77

GEGEN DEN DURST

Unsere Hauskatze stammt von der Falbkatze ab, die in den Wüsten und Halbwüsten Nordafrikas und des Nahen Ostens lebt. Als Nachfahrin einer Wüstenbewohnerin ist Miezes Flüssigkeitsbedarf relativ gering und kann zu einem großen Teil schon von Feuchtfutter abgedeckt werden. Trotzdem muss frisches Trinkwasser immer verfügbar sein. Trockenfutter ist als Alleinnahrung weniger geeignet, da es dem Körper viel Wasser entzieht, die Katze den Verlust aber meist nicht ausgleicht. Bei zu geringer Wasseraufnahme kann es zu Erkrankungen der Nieren, Harnwege und der Harnblase kommen (→ *Blasensteine, Seite 105*).

Katzen nehmen oft quasi im Vorbeigehen ein paar Schlückchen aus dem Wassernapf zu sich. Da ihr Halter das nur selten registriert, geht er fälschlicherweise davon aus, dass sein Stubentiger überhaupt nicht trinkt.

MILCH IST KEIN GETRÄNK

Um den Milchzucker (Laktose) in der Milch verarbeiten zu können, wird das Enzym Laktase benötigt. Das Enzym wird nach der Säugephase jedoch nicht mehr produziert, wenn die Katze ab diesem Zeitpunkt keine Milch mehr erhält. Daher vertragen viele erwachsene Tiere keine Milch. Die Alternative: Im Fachhandel gibt es laktosefreie Milch, und auch Joghurt ist nahezu frei von Milchzucker.

....

/// CHECKLISTE ///

....

AUF DER SCHWARZEN LISTE

Diese Nahrungsmittel sind für Katzen tabu. Sie führen zu Mangelerscheinungen und schweren Erkrankungen.

- ⊛ Gekochte Knochen: Splittergefahr in Magen und Darm
- ⊛ Essensreste vom Tisch: zu stark gewürzt und gesalzen
- ⊛ Zu viel roher Fisch: zerstört das Vitamin Thiamin
- ⊛ Ungekochte Eier: können Salmonellen enthalten
- ⊛ Zu viel Leber: führt zur Vergiftung mit Vitamin A
- ⊛ Alkohol und Schokolade: giftig für Katzen
- ⊛ Hundefutter: enthält zu wenig Protein, gleichzeitig aber zu viele Kohlenhydrate

....

FÜTTERUNGSREGELN

KEINE EXPERIMENTE AM FUTTERNAPF

Katzen sind in vielen Dingen sehr konservativ, vor allem wenn es ums Futter geht.
Wechsel der Futtersorte? Mit mir nicht! Andere Fütterungszeiten?
Niemals! Doch mit etwas Fingerspitzengefühl lassen sich Trotzreaktionen vermeiden.

WOHLTEMPERIERT

Futter frisch und handwarm servieren. Zwei Stunden vorher aus dem Kühlschrank holen, Tiefkühlkost zwölf Stunden auftauen oder kurz in der Mikrowelle bis 35 ºC erwärmen.

FRISCHES WASSER

Trinkwasser gibt es täglich frisch, auch wenn Ihre Katze nur selten zum Wassernapf geht. Verkrustetes Futter und Futterreste entsorgen und den Fressnapf mit heißem Wasser ausspülen. Lässt Ihre Mieze regelmäßig Futter im Napf liegen, sollten Sie die Tagesration etwas verringern.

78

GESUNDE NASCHEREI

Ab und zu ein Leckerbissen ist erlaubt. Ob Käse-Rollis oder Knuspersnacks: Bieten Sie Ihrer Katze nur kalorienarme Naturprodukte an, die frei von Konservierungsstoffen sind (→ *Das gesunde Plus, Seite 83*).

MEINS & DEINS

Leben zwei oder mehr Katzen im Haus, hat jede ihre eigenen Futter- und Wassernäpfe. Bei befreundeten Katzen können die Schüsseln nebeneinanderstehen. Sie dürfen sich dann auch am Napf der Kollegin bedienen, ohne dass es Ärger gibt.

FIX & FERTIG AUS DER DOSE

Die Mengenangaben auf der Fertigfutterdose sind Richtwerte. Testen Sie, wie viel Ihre Katze wirklich braucht. Angebrochenes Dosenfutter im Kühlschrank (mit Deckel) frisch halten. Auf das Verfallsdatum achten. Fertigfutter ist eine Vollnahrung, keine zusätzlichen Vitamine oder Mineralstoffe füttern.

VOLLER BAUCH BRAUCHT RUHE

Katzen geht's wie uns Menschen: Nach der Mahlzeit wird man träge und müde und möchte sich erst einmal etwas ausruhen. Vor allem Jungkatzen sollten jetzt nicht gestört werden.

PÜNKTLICH ZU TISCH

Nach Ihrer Katze können Sie die Uhr stellen. Sie weiß, wann Sie nach Hause kommen, und hat alle Spieltermine im Kopf, vor allem aber erscheint sie auf die Minute pünktlich am Futternapf. Warten lassen darf man sie nicht.

NUR KEIN NEID!

Auch wenn sie sich sonst bestens verstehen, geraten sich manche Katzen am Futternapf in die Haare. Achten Sie bei dominanten Katzen darauf, dass sie den Artgenossen das Futter nicht streitig machen oder sie vom Fressnapf verjagen (→ *Trixie macht Alex die Hölle heiß, Seite 83*). Im Zweifelsfall getrennt füttern.

KITTEN, ADULTS & OLDIES

DAS RICHTIGE FUTTER FÜR JEDES ALTER

Altersgerecht ist das Stichwort! Das gilt besonders für die Ernährung der Katze.
Sie muss den speziellen Bedürfnissen der verschiedenen Lebensalter angepasst sein,
ganz besonders bei jungen Katzen. Fütterungsfehler in dieser sensiblen
Entwicklungsphase können nachhaltige Folgen für das ganze Katzenleben haben.

POWERFUTTER FÜR DIE JUNGEN

Die Katzenkinder haben es ziemlich eilig, groß und stark zu werden. Bis zum 7. Monat legen sie pro Woche durchschnittlich 100 Gramm an Gewicht zu. Störungsfrei kann dieses rasante Wachstum nur verlaufen, wenn die Kleinen mit leicht verdaulicher und besonders energiehaltiger Nahrung gefüttert werden. Der winzige Magen des Kätzchens fasst nur kleinste Nahrungsmengen. Im ersten Lebensjahr erhalten die Kitten daher kleinere Futterportionen und

Die Fünf von der Tankstelle: Jungkatzen haben immer viel Appetit. Der ist auch nötig, um ihre gesunde Entwicklung in der Wachstumsphase zu sichern.

müssen häufiger gefüttert werden als erwachsene Katzen: bis zur 8. Woche sechsmal täglich, und das rund um die Uhr (→ *Fütterungsfahrplan, rechte Seite*). Minderwertiges Futter gefährdet die gesunde Entwicklung und hat oft Probleme beim Knochenaufbau zur Folge, die sich ein Leben lang auswirken können.

Abwechslungsreiche Kost ist für den Nachwuchs noch wichtiger als für erwachsene Katzen. Auf Futtervorlieben, die durch einseitige Ernährung in der Jugend entstanden sind, beharren Katzen nicht selten zeitlebens. Sie von den »Geschmacksverirrungen« abzubringen verlangt viel Ausdauer und Konsequenz und gelingt auch nicht immer.

WIE VIEL BRAUCHEN ERWACHSENE KATZEN?

Auch wenn Entwicklung und Wachstum der Katze mit zwölf Monaten noch nicht abgeschlossen sind, wird sie jetzt auf Erwachsenenfutter und zwei Fütterungstermine am Tag umgestellt. Die Hauptmahlzeit gibt es abends, eine kleinere am Morgen. Eine vier Kilo schwere Katze hat einen täglichen Energiebedarf von ca. 1100 kJ (Kilojoule) bzw. 253 Kilokalorien (kcal). Das entspricht ca. 275 g Feuchtfutter. Die von den Futtermittelherstellern auf dem Dosenetikett empfohlenen Tagesmengen liegen häufig darüber.

FÜTTERUNGSFAHRPLAN

Im ersten Lebensjahr ist der Energiebedarf der Katze hoch. Da der Magen der Jungkatze nur wenig Nahrung aufnehmen kann, muss vor allem bis zum 4. Lebensmonat mehrmals täglich gefüttert werden.

LEBENSALTER	MAHLZEITEN PRO TAG	NAHRUNGSSORTE	ENERGIEBEDARF IN KJ (KCAL) PRO KG KÖRPERGEWICHT (1 KCAL = 4,184 KJ)
JUNGE KATZE			
bis 8. Woche	6	für Jungkatzen	1000–1200 (240–280)
bis 4. Monat	5	für Jungkatzen	830 (200)
ab 5. Monat	3	für Jungkatzen	625 (150)
ab 8. Monat	3–2	Erwachsenenfutter	470 (115)
10.–12. Monat	3–2	Erwachsenenfutter	375 (90)
ERWACHSENE KATZE			
bis 9./10. Lebensjahr	2	Erwachsenenfutter	253 (64)
ab 9./10. Lebensjahr	3–4	Seniorenkost	240 (60)

100 Gramm Dosenfutter (Feuchtfutter) enthalten ca. 400 kJ (95 kcal). Trockenfutter ist wesentlich energiereicher und sollte nicht als Hauptfutter gegeben werden. Darüber hinaus entzieht es dem Körper Wasser. Da die Katze vergleichsweise wenig trinkt, kann sie diesen Flüssigkeitsverlust nicht ausgleichen.

81

Katzen, die regelmäßig Auslauf haben, werden oft reichlicher gefüttert, weil ihre Besitzer davon überzeugt sind, dass sie eine Portion mehr brauchen als die Stubenhockerfraktion. Der Energiebedarf einer Outdoor-Katze unterscheidet sich aber nur wenig von dem des Wohnungstigers, sodass größere Futterrationen nicht gerechtfertigt sind. Selbst bei einer trächtigen Katze muss die tägliche Menge im Fressnapf nicht erhöht werden. Ganz anders bei säugenden Katzenmüttern: Sie verbrauchen sehr viel Energie und verlieren in diesen stressigen Wochen selbst bei hochwertiger Kost oft genug an Gewicht.

/// TIPP ///

Wann ist meine Katze satt? Einfacher Test: Futternapf reichlich füllen. Lässt Mieze Futter übrig, bei der nächsten Mahlzeit die Futtermenge reduzieren und das Prozedere so lange wiederholen, bis sie fast alles verzehrt hat.

Zu dick? Tasten Sie beiderseits des Brustkorbs nach den Rippen. Kann man sie nicht fühlen, hat Ihre Katze Übergewicht. Erkennt man von oben noch eine Taille, hilft oft schon eine leichte Reduktionsdiät (→ *Auf Diät, Seite 86*).

Katzen mögen Fisch. Zu viel roher Fisch schädigt allerdings ihre Gesundheit und sollte höchstens zweimal pro Woche serviert werden.

Menus für Senioren, die unterschiedlichsten Bedürfnissen und Vorlieben gerecht werden. Ab dem 9. bis 10. Lebensjahr sollte die Tagesration auf drei, später auf vier Mahlzeiten verteilt werden (→ *Fütterungsfahrplan, Seite 81)*, um den Organismus der älteren Katze möglichst wenig zu belasten.

WAS SPRICHT FÜR FERTIGFUTTER?

◈ **Dosenfertigfutter:** Feuchtfutter ist eine Vollnahrung, die neben Fleisch pflanzliche Produkte sowie Vitamine und Mineralstoffe enthält. Zusätzliche Futterbeigaben sind nicht nötig. Mit einem Feuchtigkeitsgehalt von 80 Prozent deckt Dosenfutter Miezes Flüssigkeitsbedarf weitgehend ab. Ungeöffnet kann es für längere Zeit auf Vorrat gehalten werden, angebrochenes Feuchtfutter muss kühl gelagert und innerhalb weniger Tage verfüttert werden.

◈ **Trockenfutter:** Trockennahrung ist sehr energiereich und hat einen Feuchtigkeitsgehalt von zehn Prozent. Als Haupt- und Alleinfutter eignet sie sich daher weniger, weil die Katze ihren Flüssigkeitsbedarf kaum ausgleichen kann. Darüber hinaus lässt sich die kalorienhaltige Kost nur schlecht dosieren, sodass es leicht zur Überfütterung kommt. Die Fütterungsempfehlungen auf der Packung liegen speziell beim Trockenfutter meist zu hoch.

Fertignahrung enthält meist viele Kohlenhydrate, während der Anteil an hochwertigem Eiweiß relativ niedrig ist.

SELBST ZUBEREITETES FUTTER

Wer die Mahlzeiten seiner Samtpfote selbst zubereiten will, muss dabei Alter, Gewicht und körperliche Verfassung berücksichtigen. Fleisch sollte dabei Hauptbestandteil sein, überwiegend vom Rind oder Geflügel. Gemüse versorgt Mieze mit Vitaminen und Mineralstoffen und regelt ebenso wie Reis als Ballaststoff die Verdauung.

Der Vorteil bei selbst zubereitetem Futter: Es kommt immer frisch in den Fressnapf, man kennt die Herkunft und Qualität der Bestandteile, und oft ist es auch preiswer-

SENIORENTELLER

Dank guter Ernährung, Pflege und medizinischer Versorgung werden Stubentiger heute oft 16 bis 18 Jahre alt oder sogar älter. Und sie bleiben lange fit. Alterssymptome wie eingeschränkte Beweglichkeit und erhöhtes Ruhebedürfnis zeigen sich oft erst relativ spät. Trotzdem gilt eine neun- oder zehnjährige Katze schon als älter, da ihre inneren Organe wie Nieren, Leber, Magen und Darm nicht mehr so leistungsfähig sind wie die der jüngeren Fraktion.

In dieser Lebensphase ist eine hochwertige und gut verdauliche Ernährung wichtig. Sie muss eine ausreichende Versorgung mit allen Nährstoffen sicherstellen und dabei die eingeschränkten Organfunktionen berücksichtigen. Beim Fertigfutter gibt es ein breites Sortiment spezieller

ter als Fertignahrung. Auf der anderen Seite kostet die Zubereitung Zeit, und die richtige und ausgewogene Versorgung mit Nährstoffen sowie Spurenelementen ist nicht immer einfach. Für Einsteiger gibt es fertige Rezeptpläne.

Eine Besonderheit ist das Barfen. Hier füttert man nur Rohkost: Fleisch (außer vom Schwein), Innereien, Fisch (in geringen Mengen), Gemüse und andere pflanzliche Stoffe (→ Barfen, Seite 90).

/// TIPP ///

Bei jungen Katzen ist die Gewichtszunahme ein Indiz für ihre gesunde Entwicklung. Setzen Sie das Kätzchen einmal pro Woche auf die Küchenwaage. Mit älteren Tieren stellt man sich auf die Personenwaage, wiegt sich danach solo und zieht das Eigengewicht vom Gesamtgewicht mit Katze ab. Speziell bei Jungkatzen sind Veränderungen von Wiegeaktion zu Wiegeaktion wichtiger als absolute Gewichte.

DAS GESUNDE PLUS

Ergänzungsfuttermittel fördern die Verdauung, stärken die Knochen, sorgen für ein schönes Fell und gesunde Zähne. Achten Sie auf Naturprodukte ohne Konservierungsstoffe.

◈ **Katzengras:** Frisches Katzengras ist ein Muss im Katzenhaushalt. Kann auch aus Grassamen angezogen werden.

◈ **Anti-Hairball:** Verzögert Haarballenbildung im Magen.

◈ **Malzpaste:** Fördert den Abgang verschluckter Haare.

◈ **Multivitaminpaste:** Verleiht Miezes Fell Glanz und ist gut für Knochen und Zähne.

◈ **»Spaghetti«:** Luftgetrocknete Schweinedärme sind ein Knabberspaß, stärken Kaumuskulatur und reinigen Zähne.

ESSKULTUR

Stellen Sie Futter- und Trinknäpfe nicht nebeneinander, sondern verteilen am besten mehrere Trinkmöglichkeiten in der Wohnung. Auch die Fressplätze und Wasserstellen wilder Katzen liegen immer getrennt.

Doppelnäpfe eignen sich nicht für Futter und Wasser, sondern nur für verschiedene Futtersorten.

TRIXIE MACHT ALEX DIE HÖLLE HEISS

Das blütenweiße Haarkleid macht unsere Trixie zur echten Schönheit. Sie ist lieb und total verschmust. Und trotz des Kurzhaars scheint es angesichts ihres eher bedächtigen und meist ausgeglichenen Wesens fast so, als hätten sich bei ihren Vorfahren Perserkatzen eingeschlichen.

Wenn es ums Futter geht, kann jedoch von einem bedächtigen Wesen keine Rede mehr sein. Und es trifft immer den armen und völlig schuldlosen Alex, Trixies gleichaltrigen Bruder. Die Fressnäpfe der beiden stehen in der Küche. Wenn Trixie sich über ihre Mahlzeit hermacht, darf sich Alex nicht einmal in der Küche zeigen, ohne dass er angefaucht oder mit Pfotenhieben attackiert wird. Dabei will er ja nur an seine eigene Schüssel gehen und würde nie auf den Gedanken kommen, Trixie das Futter streitig zu machen. Alex ist deutlich kräftiger als Trixie, aber trotz seiner Jugend ein Kavalier alter Schule. Jedenfalls gibt er immer klein bei und verzieht sich.

Damit er nicht zu kurz kommt, füttern wir die beiden jetzt getrennt in verschiedenen Zimmern. Das gestaltet sich manchmal nervig, wenn versehentlich eine Tür offen steht. Dann inspiziert Trixie den Napf im anderen Raum, und schon haben wir wieder die gleiche Situation wie früher.

FUTTERNEID SITZT TIEF UND GEHT OFT AUF ERFAHRUNGEN IN DER KINDHEIT ZURÜCK. KONSEQUENTES GETRENNTFÜTTERN HEISST DIE DEVISE.

Sonja Bongart, 27, lebt mit Mann und ihren beiden Kindern in Regensburg. Zur Familie gehören Kätzin Trixie und ihr Bruder Alex, beide zwölf Monate alt.

83

GESCHMACKSFRAGE

WIE VIEL TROCKENFUTTER IST OKAY?

———◆———

*»WAS MIR SCHMECKT, KANN AUCH FÜR
MEINE KATZE NICHT FALSCH SEIN.«
RUND UM DIE ERNÄHRUNG DER KATZE
HALTEN SICH HARTNÄCKIG ANSICHTEN,
DIE SCHON GESTERN FALSCH WAREN.*

———◆———

DR. NATALIE DILLITZER ist Fachtierärztin für Tierernährung. Als Ernährungsberaterin berät und unterstützt sie Katzen- und Hundehalter in allen Belangen der Fütterung ihrer Tiere und ermittelt die auf den Einzelfall abgestimmte optimale Ernährung. Natalie Dillitzer ist Autorin des Standardwerks »Tierärztliche Ernährungsberatung«, verfasst Fachartikel und hält regelmäßig Vorträge über Tierernährung vor Züchtern, Tierärzten und Tierhaltern. Darüber hinaus hat sie Produkte zur Nahrungsergänzung für Hunde und Katzen entwickelt.

⋙ Unser Kater Peter ist verrückt nach Trockenfutter, alles andere rührt er nur selten an. Schadet die Vorliebe seiner Gesundheit?

DR. NATALIE DILLITZER: Katzen sind sehr häufig auf ein bestimmtes Futter geprägt. Manche fressen nur Trockenfutter und lassen das Nassfutter stehen. Generell kann man nicht sagen, dass Trockenfutter einer Katze schadet. Man sollte dabei jedoch bedenken, dass die Trockenkost für Nierenpatienten wie auch für Tiere mit Übergewicht und Katzen, die anfällig für Harnkristalle sind, nicht die beste Wahl ist. Und natürlich müssen Katzen, die haupt

sächlich Trockenfutter fressen, genügend trinken, da sie über die Nahrung zu wenig Feuchtigkeit aufnehmen.

⋙ Meine Perserkatze liebt Fisch über alles. Ist Fisch ein gleichwertiger Ersatz für Rind oder Geflügel?

DR. NATALIE DILLITZER: Wenn es sich bei den Fischgerichten um ein Alleinfutter handelt, stellt es kein Problem dar, wenn Ihre Katze sich vor allem von Fisch ernährt. Wird sie aber von Ihnen bekocht oder gebarft, so sollten Sie die Futterration mit Mineralstoffen und Vitaminen ergänzen – unabhängig davon, ob Sie ihr Fisch, Geflügel oder Rind anbieten. Außerdem sollte roher Fisch nicht mehr als zweimal pro Woche verfüttert werden, da zu viel davon ein lebenswichtiges Vitamin (Thiamin) zerstört. Daher Fisch am besten dünsten. Auch dafür begeistern sich Katzen.

⋙ Ältere Katzen haben oft Probleme mit den Nieren. Lässt sich das Risiko einer Nierenerkrankung mit dem richtigen Futter senken?

DR. NATALIE DILLITZER: Es gibt unterschiedliche Ursachen für eine Nierenerkrankung, und nicht selten lassen sie sich nicht zweifelsfrei klären. Man weiß heute, dass

Ein gesundes Leckerli zwischendurch ist okay. Gibt es das öfter, müssen Sie Miezes Futterration entsprechend verkleinern.

der Phosphor im Futter ein entscheidender Faktor bei der Nierenerkrankung ist. Bei einer nierenkranken Katze muss der Phosphorgehalt im Futter reduziert werden. Eine entsprechende Diätkost ist phosphatarm: Sie enthält wenig Eiweiß, versorgt das erkrankte Tier gleichzeitig aber mit vielen Vitaminen. Für die Ernährung älterer Katzen empfehle ich, grundsätzlich darauf zu achten, dass es zu keiner Überversorgung mit Phosphor kommt. Außerdem ist es durchaus sinnvoll, wenn der Tierarzt bei den regelmäßigen Gesundheitschecks die Nierenwerte der älteren Katze über das Blutbild kontrolliert. Nierenprobleme bleiben häufig lange Zeit unbemerkt, die Behandlung im Frühstadium ist aber für die Lebensqualität der Katze sehr wichtig.

≫→ Aus Zeitmangel kann ich die Mahlzeiten für meine drei Katzen nicht selbst zubereiten, füttere sie also mit Dosenfutter. Der Proteinanteil im Fertigfutter hat nicht immer Premiumqualität. Ist es daher sinnvoll, wenn ich hochwertiges Fleisch zufüttere?
DR. NATALIE DILLITZER: Das ist bei Fertigfutter in der Regel nicht notwendig, auch wenn der Begriff »Premiumqualität« häufig sehr unterschiedlich aufgefasst wird. Hier wäre die provokante Gegenfrage erlaubt: Was ist Premiumqualität bei einer Maus, der natürlichen Nahrungsgrundlage unserer Katzen? Vielleicht nur das Mäusefilet?

≫→ Was ist daran falsch, der Katze ab und zu etwas vom Mittagstisch anzubieten? Unserer schmeckt's.
DR. NATALIE DILLITZER: Wenn Ihre Katze ein- oder zweimal in der Woche ein paar Häppchen von Ihrem Mittagsessen bekommt und das nicht regelmäßig geschieht, ist

dagegen nichts einzuwenden. Es gibt sicher unzählige Katzen, die im günstigen Moment einen Teller ablecken oder die Wurst vom Tisch stibitzen, ohne dass ihr Besitzer es mitbekommt. Knoblauch und Zwiebeln frisst keine Katze freiwillig, und gewürzte Wurst wird ja bestimmt auch nicht zu ihrer Vorzugsnahrung. Entwarnung also, solange alles in Maßen bleibt. Das gilt für die Ernährung der Katze genauso wie für unsere eigene. Eines sollten Sie aber unbedingt vermeiden: Ihre Katze bei Tisch zu füttern. Sonst müssen Sie sich bald mit einer nervenden Bettlerin herumschlagen.

≫→ Muss ich die Futterration meiner gerade kastrierten Kätzin kürzen, damit sie ihre schlanke Linie behält?
DR. NATALIE DILLITZER: Meist nehmen Katzen nach der Kastration zu – aber eben nicht immer. Daher gibt es hier kein allgemein gültiges Rezept. Die goldene Regel lautet: Legt die Katze an Gewicht zu, wird sie zu gut gefüttert, ganz unabhängig davon, ob sie kastriert ist oder nicht. Reduzieren Sie die tägliche Futtermenge um 10 bis 40 Prozent. Ihre Mieze sollte pro Woche ca. 60 bis 120 Gramm abnehmen. Eine 3,5 Kilogramm schwere Katze braucht nur 200 Gramm Nassfutter oder 50 Gramm Trockenfutter bzw. 100 Gramm Nassfutter und 25 Gramm Trockenfutter pro Tag. Für übergewichtige Stubentiger darf der Napf mit Trockenfutter nie frei zugänglich sein.

85

Schmale Hausmannskost: Selbst eine mit allen Wassern gewaschene Jägerin könnte heute von ihren erbeuteten Nagern nicht mehr satt werden.

TIPP

Frisst Mieze viel Trockenfutter, kann aromatisches Wasser sie zum Trinken anregen: Pürieren Sie einen TL Leberwurst oder Thunfisch und rühren ihn ins Trinkwasser ein.

AUF DIÄT

ALLES HALB SO SCHLIMM

Vor Magen- und Nierenproblemen sind auch Katzen nicht gefeit. Häufig sorgt Diätkost
für Besserung, ohne dass die zusätzliche Einnahme von Medikamenten nötig
ist. Bei einer chronischen Erkrankung wie Diabetes muss die Katze aber oft lebenslang
diätetisch ernährt werden. Welche Diätrezeptur wann passt, weiß Ihr Tierarzt.

LEICHTE KOST FÜR VERDORBENE MÄGEN

Der Hund ist ein Schlinger und vertilgt sein Futter im
Schnellgang. Devise: Was ich im Magen habe, können mir
meine Rudelgenossen nicht stibitzen. Mit missgünstigen
Futterkonkurrenten muss sich eine Katze normalerweise
nicht herumschlagen, sie kann ihre Mahlzeiten in Ruhe
genießen (→ *Schon gewusst?, Häppchenweise, Seite 89).* Vorher prüft die unbestechliche Nase, ob der Futterduft den
Erwartungen entspricht und die Nahrung genießbar ist.

*»Nie im Leben rühre
ich das an!« Katzen
sind in Futterfragen
heikel: Ungewohnte,
anders riechende Kost
wird zuerst einmal
verschmäht. Das gilt
ganz besonders auch
für Diätnahrung.*

Um unbekannte Kost machen selbst hungrige Stubentiger
oft einen Bogen. Trotzdem kann sich auch die Katze den
Magen verderben. Ihr Unwohlsein äußert sich meist in
Erbrechen oder Durchfall. Weil der Körper dabei sehr viel
Flüssigkeit verliert, muss sie jetzt vermehrt trinken. Ein
paar Tropfen Kondensmilch im Trinkwasser animieren
zum Gang an die Wasserschüssel. Um den gereizten Magen
zu beruhigen, kann die Fütterung bis zu 24 Stunden ausgesetzt werden, keinesfalls aber länger (→ *Info, rechte Seite).*
Danach gibt es leichte Kost in Miniportionen, zum Beispiel
Geflügel, Reis und Hüttenkäse.

WENN'S AN DIE NIEREN GEHT

Wenn Katzen in die Jahre kommen, lässt die Leistungs-
fähigkeit ihrer Nieren nach. Da die Senioren darüber
hinaus nur wenig Flüssigkeit aufnehmen, werden die ohne-
hin belasteten Nieren nicht ausreichend gespült und können schädliche Stoffwechselendprodukte nur noch zum
Teil abführen. Nierendiätfutter entlastet in diesem Fall die
Nieren. Es enthält viel Kalium und Vitamin E bei gleichzeitig reduziertem Gehalt an Proteinen und Phosphor. Nieren-
kranke Katzen müssen vor allem viel trinken und werden
fast immer auf Dauer mit Diätkost ernährt.

Müdes Moppelchen: Dicke Katzen fressen zu viel und bewegen sich zu wenig. Mit einer Reduktionsdiät kann man ihnen wieder auf die Beine helfen.

ALLES AUF NORMAL AUCH FÜR ZUCKERKRANKE

Wie der Mensch kann auch eine Katze zuckerkrank werden. Bei Zuckerkrankheit *(Diabetes mellitus)* produziert die Bauchspeicheldrüse zu wenig oder kein Insulin mehr, das die Aufnahme von Zucker aus dem Blut regelt. Das fehlende Insulin muss regelmäßig zugeführt (gespritzt) werden, und der erkrankte Schmusetiger erhält nur noch das entsprechende Diätfutter. Solange die Insulingaben und Fütterungszeiten genau eingehalten werden, gibt es jedoch für die Katze keine weiteren Einschränkungen.

DICKERCHEN AUF ENTZUG

Die Mehrheit der Katzen sind bedächtige und selbstgenügsame Esser. Probleme mit Übergewicht gibt es daher eher selten. Ein Zuviel auf den Rippen geht meist auf Fresssucht und Bewegungsmangel zurück, wobei das eine fast immer zum anderen führt (→ *Eine Extraportion zu viel, Seite 89)*. Dicke Katzen haben häufiger Gelenk- und Hautprobleme als normalgewichtige und erkranken öfter an Diabetes. Eine sogenannte Reduktionsdiät ist kalorienarm bei geringem Fettgehalt und reich an Ballaststoffen. Weil ihr der zum Fressen animierende Fettgeruch fehlt, freunden sich jedoch nur wenige Stubentiger spontan mit dieser Kost an (→ *Leckerschmecker lieben Fett, Seite 75)*. Einschleichen heißt die Methode der Wahl, um einem Dickerchen das verschmähte Futter doch noch schmackhaft zu machen. Dabei wird die gewohnte Nahrung in Schritten von jeweils 10 bis 15 Prozent durch Diätfutter ersetzt.

Von Übergewicht spricht man, wenn die Katze höchstens 15 Prozent mehr wiegt als eine normalgewichtige. Am Brustkorb kann man die Rippen noch ertasten, spürt aber, dass sie von Fett überzogen sind. Als fettleibig (adipös) gilt dagegen eine Katze, die über 15 Prozent schwerer ist als normal. Ihre Rippen lassen sich nicht mehr ertasten, fast immer hat sie einen ausgeprägten Hängebauch, und von oben sieht man keinerlei Anzeichen einer Taille.

87

/// INFO ///

Katzen sind hauptsächlich Fleischfresser. Sie haben einen kleinen Magen und einen kurzen Darm. Um ausreichend mit Nährstoffen versorgt zu werden, müssen sie regelmäßig Nahrung aufnehmen, meist in kleineren Mengen. Wer seine Katze hungern lässt, weil sie abnehmen soll, gefährdet ihre Gesundheit. Fastentage sind für Katzen tabu!

ZOFF AM FUTTERNAPF

»NEIN, MEIN FUTTER ESS' ICH NICHT!«

Trotziges Bestehen auf dem Lieblingsfutter, Nahrungsverweigerung, Futterneid und
Fresssucht: Wenn es in der Beziehung von Mensch und Katze kriselt,
ist meist der Futternapf der Stein des Anstoßes. Unsere Stubentiger wissen sehr genau,
was sie wollen … aber es muss ja nicht immer nach ihrem Kopf gehen.

KRANKHEITSSYMPTOME ABKLÄREN

Bisher war Mieze eine gute Esserin. Jetzt pickt sie ohne erkennbares Interesse ein paar Futterbröckchen aus dem Napf oder verweigert die Nahrungsaufnahme ganz. Die Katze ist ein Gewohnheitstier, ihre üblichen Rituale gibt sie nicht ohne Weiteres auf, ganz gleich, ob es sich um ihre Mahlzeiten oder den gewohnten Tagesablauf handelt. Jede Abweichung vom üblichen Fressverhalten ist folglich ein Alarmsignal, speziell dann, wenn die Verhaltensänderung

Ausnahmsweise: Mit der Hand gefüttert werden sollten nur kranke Katzen und Jungtiere, die zu wenig fressen. Sonst aber erzieht man sich im Handumdrehen eine nörgelnde und nervende Esserin.

unvermittelt auftritt. Bei der Ursachenforschung sollte stets zuerst die Frage nach einer eventuellen Erkrankung abgeklärt werden. Für Fressunlust oder Futterverweigerung sind in vielen Fällen Zahn- und Zahnfleischentzündungen verantwortlich, nicht selten auch Fremdkörper im Mund- und Rachenbereich. Bei Infektionskrankheiten wie dem Katzenschnupfen und der Katzenseuche stellt das erkrankte Tier ebenfalls die Nahrungs- und meist auch die Flüssigkeitsaufnahme ein.

Treten begleitende Symptome wie apathisches Verhalten, Fieber, Erbrechen oder Durchfall auf, gehört die Katze auf jeden Fall in die Hand des Tierarztes. Aber auch wenn die Situation nicht eindeutig ist und Sie im Zweifel sind, ob Ihr Stubentiger tatsächlich erkrankt ist oder sich möglicherweise nur vorübergehend unwohl fühlt, sollten Sie mit ihm zum Tierarzt gehen. Bestätigt sich die Vermutung, dann begünstigt Ihr schnelles Handeln Therapie und Heilung. Erweist sich der Anfangsverdacht als unbegründet, müssen Sie sich keine Sorgen mehr machen.

Im Zweifel zum Tierarzt: Bei der jungen Katze gilt dieses Gebot mehr noch als beim erwachsenen Tier, da selbst eine kurzzeitige Futterverweigerung das Jungtier schon massiv schwächen kann.

HARTNÄCKIGE VORLIEBEN

Manche Katzen fischen die Futterbröckchen aus dem Napf heraus, andere lecken nur die Jelly (Gelatine) ab oder verschmähen bestimmte Sorten ganz. In Futterfragen hat jede Katze ihren ganz eigenen Geschmack. Und es muss beileibe nicht immer beste Premiumkost sein, so mancher Stubentiger beharrt auf der preisgünstigsten Discounterware und akzeptiert um nichts in der Welt alternative Angebote.

Futtervorlieben sitzen tief und reichen oft bis in die Kindheit zurück, wo schon die Jungkatze ihr Köpfchen durchgesetzt hat und ausschließlich mit der Lieblingsfuttermarke verköstigt wurde. Solange das Menu im Fressnapf ausgewogen ist, spricht nichts dagegen, bei der Vorzugskost zu bleiben. Manchmal ist aber ein Futterwechsel unvermeidlich: wenn Mieze Diät halten muss, die Futtersorte nicht mehr produziert wird oder die Rezeptur verändert wurde. Probt Ihre Katze den Aufstand, bitten Sie eine Person, mit der Ihr Liebling seine Spielchen nicht treiben kann, die Fütterung zu übernehmen. In fast allen Fällen siegt schon bald der Hunger über den Trotz.

Eine Erkrankung stellt oft die Initialzündung für eine verwöhnte, einseitig ernährte Katze dar. Der geschwächte Pflegefall wird mit Leckerbissen und anderen Schmankerln aufgepäppelt. Versäumt wird später leider die Rückkehr zur normalen Ernährung. Und dann besteht das Leckermaul noch auf Handfütterung, weil es das seit seinen Krankheitstagen so gewöhnt ist.

EINE EXTRAPORTION ZU VIEL

Übermäßiges Fressen ist eigentlich untypisch für Katzen. Meist sind es verhätschelte Wohnungstiger, die reichlich gefüttert und mit Häppchen genudelt werden und gar nicht anders können, als Fett anzusetzen. Zur Wohlstandswampe kommt die Bewegungsunlust. Beides schaukelt sich gegenseitig auf, bis die Katze richtig dick ist.

Dieser Teufelskreis gefährdet auch Bettler, die wissen, wie sie das Herz des Halters erweichen und ihn zur Extrafütterung verführen. Auch Futterneid kann zur Fresssucht führen. Dabei geht es weniger darum, sich den eigenen Bauch vollzuschlagen, als dafür zu sorgen, dass die Kollegin vor dem leeren Napf steht. Die Abhilfe: getrennt füttern.

Für verfressene und eher unsportliche Stubentiger ist gute Verdauung besonders wichtig. Eine Fingerspitze Malzpaste und regelmäßiges Knabbern an Katzengras beugen Magen-Darm-Problemen und der Bildung von Haarballen vor. Erbricht die Katze ab und zu, muss das kein Krankheitssymptom sein. Manchmal sind auch Katzen gierig und vertilgen zu große Happen oder kaltes Futter, das gerade erst aus dem Kühlschrank kam.

Echt lecker: Malzpaste bremst die Bildung von Haarballen und erleichtert die Verdauung. Alle Miezen lieben diese wohlschmeckende Paste.

89

/// SCHON GEWUSST? ///

HÄPPCHENWEISE

Selbst wenn der Magen knurrt, leert die Katze ihre Futterschüssel selten auf einmal. Sie stillt den ersten Hunger, geht weg, kommt nach ein paar Minuten zurück, genehmigt sich wieder etwas, lässt den Napf erneut stehen ... Zum Schluss bleiben einige »Anstandshäppchen« übrig. Diese Art zu essen ist das Vermächtnis der wilden Vorfahren, für die eine eiserne Reserve wichtig war. Lassen Sie die Mahlzeit 30 bis 45 Minuten stehen, bis Ihre Katze erkennbar satt ist.

BARFEN
BASICS DES ROHFLEISCHFÜTTERNS

In all den Jahrtausenden der Partnerschaft mit dem Menschen hat die Hauskatze immer Jagd auf kleine, meist bodenlebende Beutetiere gemacht. Geschadet hat ihr diese Ernährungsweise offensichtlich nicht. In Zeiten des Fertigfutters geht Barfen mit dem Konzept einer artgerechten Rohfütterung zurück zu diesen Ursprüngen.

90

SO NATÜRLICH WIE MÖGLICH

Mit einer natürlichen Ernährung hätten Hauskatzen heute ihre Probleme. Zum einen ist ihre Vorzugsbeute angesichts unserer mit Pestiziden und Herbiziden belasteten Umwelt ein eher fraglicher Genuss, zum anderen müssten sie lange auf der Lauer liegen, um überhaupt Erfolg zu haben, und das wäre dann kaum mehr als ein mageres Mäuschen.

Beim Barfen kommt die Beute quasi frisch ins Haus. BARF steht eigentlich für »Bones and Raw Foods« (Knochen und rohes Futter) und wird bei uns mit »biologisch artgerechtes Rohfutter« übersetzt. Gemeint ist ein Fütterungskonzept, das sich die natürliche Ernährungsweise des Tieres zum Vorbild nimmt. Erfolgreich umgesetzt wird die Rohfleischfütterung sowohl bei Hunden wie Katzen.

VOLLVERSORGUNG

Die Katze kann beim Barfen mit allen Bestandteilen und Nährstoffen gefüttert werden, wie sie in Nagern, Vögeln und anderen Beutetieren vorkommen (→ *Schon gewusst?, rechte Seite*). Basis ist rohes Muskelfleisch unterschiedlicher Fleischsorten mit Ausnahme von Schweinefleisch. Um die Komplettversorgung zu sichern, bietet man Zuchtmäuse und -ratten sowie Eintagsküken an. Ergänzt werden sie mit

Fisch, Innereien, Gemüse, Samen, Fetten, Weizenkleie, Lachs- und Pflanzenölen. Die Futtertiere werden am Stück, zerteilt oder durch den Fleischwolf gedreht verfüttert.

FÜTTERUNGSREGELN

Beim Barfen sollten Sie einige Grundregeln beachten:

⊛ Schweinefleisch darf wegen des Risikos einer Infektion mit dem Aujeszky-Virus nicht verfüttert werden.

⊛ Knochen nur roh anbieten. Bei gekochten Knochen können sich Splitter ablösen und die Magen- und Darmwände verletzen. Am besten alle Knochen durch den Fleischwolf drehen. Zu viele Knochen können zu Verstopfung führen.

⊛ Rohen Fisch darf man Katzen nicht mehr als zweimal pro Woche anbieten. Häufigeres Füttern von Rohfisch zerstört Thiamin, ein Vitamin der B-Gruppe, das für das gesunde Nervensystem unverzichtbar ist.

⊛ Der Anteil pflanzlicher Nahrungsstoffe im Katzenfutter sollte fünf Prozent nicht übersteigen.

⊛ Abhängig vom Rohfutteranteil und der Mineralisierung des Grundfutters ist es in der Regel notwendig, dem Futter Mineralstoffe beizugeben. Die Supplementierung muss vor allem die ausreichende Versorgung mit Spurenelementen wie Zink, Kupfer, Mangan und Jod gewährleisten.

MMMH ... RINDERTATAR

Rindfleisch, Quark und fein geriebener Käse– ein exklusiver und
im Handumdrehen zubereiteter Gaumenschmaus für Ihre BARF-Katze.

SIE BRAUCHEN:

125 g Rindertatar, 25 g Sahnequark, 20 g Erbsen,
1 Teelöffel Öl, ½ Messbecher Mineralfutter (0,35 g),
3 Messerspitzen Eierschalenmehl (0,6 g), 10 g Käse

Tagesmenge für eine normalgewichtige Katze mit 4 kg
Zubereitungszeit: 10 Minuten

1 Frische Erbsen 12 Minuten lang weich kochen, abkühlen. Alternativ Erbsen aus der Dose verwenden.

2 Erbsen, Rindertatar und Sahnequark gründlich miteinander vermengen, dann Öl, Eierschalenmehl und Mineralfutter zugeben.

3 Käse sehr fein reiben und über die Futterration streuen.

Nicht verwendete Reste im Kühlschrank aufbewahren und noch am selben Tag verfüttern.

91

BEZUGSQUELLEN

In der Regel kennen Sie die Herkunft der Futterkomponenten und können die Qualität beurteilen. Beim Fleisch als Hauptbestandteil ist Ihr lokaler Metzger die erste Anlaufstelle. Portioniertes Tiefkühlfleisch kann man heute auch in Zoofachgeschäften oder übers Internet kaufen. Testen Sie bei Internetofferten mehrere Anbieter, bevor Sie größere Bestellungen aufgeben. Nahezu unüberschaubar ist mittlerweile der Markt für Nahrungsergänzungsmittel. Prüfen Sie auf jeden Fall immer zuerst die Zusammensetzung eines Produkts, um eine Mangel- oder Überversorgung Ihres Stubentigers auszuschließen.

WAS BRINGT BARFEN?

Barfen erlaubt die weitgehend natürliche Ernährung der Katze mit hochwertigen und bekömmlichen Futterbestandteilen. Für Tiere mit Nahrungsmittelallergien ist Barfen eine gute Alternative, aber auch bei Diabetes, Nieren- und Lebererkrankungen, Magen-Darm-Problemen und Übergewicht lässt sich mit Rohfütterung oft eine Verbesserung des Allgemeinzustands erreichen.

/// SCHON GEWUSST? ///

ROHKOST ORIGINAL: DIE MAUS

⊛ Sie sind die natürliche Beute der Katze und quasi das Vorbild fürs Barfen: Mäuse und ihre Nagerverwandtschaft und bei Gelegenheit auch Vögel.
⊛ Eine Maus liefert der Jägerin nicht nur hochwertiges Muskelfleisch, sie versorgt sie auch mit weiteren wichtigen Nahrungsstoffen aus Fett, Knochen, Sehnen, Innereien, Blut, Haut, Fell und Federn.
⊛ Knochen sind reich an Mineralstoffen, das Fell regt als Ballaststoff – ebenso wie Federn – die Verdauung an, die pflanzlichen Bestandteile im Magen der Maus liefern Vitamine, Mineralstoffe und Spurenelemente.
⊛ Die Nagerbeute enthält viel Taurin und Vitamin A. Die Aminosulfonsäure Taurin ist ein lebenswichtiger Baustein, den der Organismus der Katze nicht selbst herstellen kann. Gleiches gilt für Vitamin A, das für die Gesunderhaltung vieler Organe (zum Beispiel Haut und Augen) und für ein störungsfreies Wachstum benötigt wird.

IMMER TIPPTOPP

DAS WASCH- UND PFLEGEPROGRAMM

Vorwäsche, Hauptwäsche, Trocknen – in puncto Sauberkeit können Katzen mit jeder Hausfrau konkurrieren. Die tägliche Waschorgie ist jedoch kein Tick einer selbstverliebten Beauty Queen, sie dient vielmehr der Gesundheit, dem Wetterschutz und – bei Hauskatzen weniger als bei den wilden Verwandten – der eigenen Sicherheit.

VIEL MEHR ALS NUR WASCHEN

Für Katzen ist die Körperpflege fast ein Fulltime-Job: Über den Tag verteilt summieren sich große und kleine Waschgänge auf über drei Stunden. Die Pflege aller erreichbaren Fellpartien mit Zunge und angefeuchteter Pfote kostet Zeit, eine Hauptwäsche – vorzugsweise nach den Mahlzeiten oder der Siesta – kann schon mal 20 Minuten dauern.

Die Zunge ist Waschlappen, Kamm und Bürste in einem. Sie verteilt Speichel im Fell, der festsitzende Schmutzteilchen und verklebte Haare löst. Auf ihrer Oberfläche sitzen verhornte Papillen, die das Fell glätten und abgestorbene Haare, Schuppen und Parasiten entfernen. Die Zunge massiert die Haut und regt den Blutkreislauf an. Sie verteilt Fett aus den Talgdrüsen der Haare im Fell, das es geschmeidig hält und Wasser abperlen lässt. Durch das Belecken erzeugt die Katze eine persönliche Duftnote, an der sie ihre Artgenossen erkennen. Hinter den Ohren und im Gesicht, wo die Zunge nicht hinkommt, hilft die Pfote aus. Damit das nicht nur eine Trockenübung bleibt, speichelt die Katze den Pfotenrücken immer wieder mit der Zunge ein.

Wenn's juckt, kratzt sich die Katze mit den Krallen der Hinterpfoten und erwischt so ungebetene Haut- und Fellgäste an fast jeder Körperstelle. Den Parasiten rückt sie auch mit ihren Schneidezähnen zu Leibe, mit denen sie geschickt Flöhe knackt. Die Zähnchen machen sich zudem beim Beknabbern von Krallen und Pfoten nützlich und entfernen Schmutz aus den Zwischenräumen der Zehen und abgestorbene Krallenhülsen, vornehmlich an den Pfoten der Hinterbeine. Die Krallen der Vorderpfoten werden regelmäßig an rauen Oberflächen geschärft, zum Beispiel an Bäumen oder am Kratzbaum, der zu den Basics der Katzenwohnung gehört (→ *Grundausstattung, Seite 29*).

Wie aus dem Ei gepellt: Nach jeder Mahlzeit säubert die Katze Mundwinkel und Schnauzenpartie mit der Zunge von Futterresten.

MIT KAMM & BÜRSTE

DIE RICHTIGE PFLEGEASSISTENZ

Reinlichkeit liegt Katzen einfach im Blut. Freiwillig vernachlässigt keine diesen
Pflegeauftrag. Hilfsdienste vom Halter sind nur dann nötig, wenn es
der Stubentiger allein nicht schafft – weil er krank, gehandicapt, sehr alt, zu dick oder
von seiner voluminösen Haarpracht einfach völlig überfordert ist.

94

DIE KIDS WISSEN, WIE'S GEHT

Sie checken noch nicht so ganz, wo vorn und hinten ist,
und können sich kaum auf den dünnen Beinchen halten,
aber wie das mit dem Putzen des Fells funktioniert, haben
die drei Wochen alten Würstchen in der Wurfkiste schon
verinnerlicht. Ihren »Kulturbeutel« mit Waschlappen, Striegel, Schmutzkamm und Pflegeöl haben sie schließlich
bereits mit auf die Welt gebracht. Und wenn noch nicht
alles wie gewünscht läuft, gibt es ja immer noch Mama, die

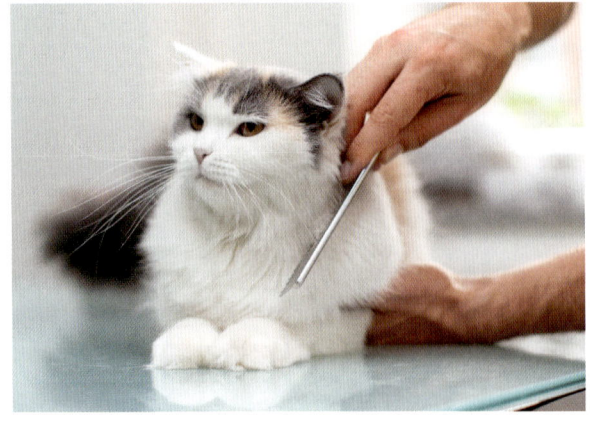

*Fell in Form: Der eng-
zahnige Kamm ent-
fernt Schmutzpartikel
und tote Haare. Die
meisten Katzen lieben
diese Prozedur wie
eine Streicheleinheit.*

sich ums restliche Pflegeprogramm kümmert. Der hilfswil-
lige Zweibeiner darf jedenfalls beruhigt die Hände in den
Schoß legen: Die Kids wissen selbst, wie's geht.

STYLING FÜRS LANGHAAR

Auf 15 cm bringen es die Deckhaare der Perserkatze. Dazu
kommt noch die dichte Unterwolle. Das macht zusammen
den längsten und dichtesten Pelz im Klub der Rassekatzen
– und den mit Abstand pflegeaufwendigsten. Die meisten
Perser sind reine Wohnungstiger. Das ist auch gut so, weil
das Fell eines Outdoor-Persers schon nach kurzer Pirsch
durchs Heckengestrüpp im Garten hoffnungslos verfilzt.
Aber auch die langhaarige Sofa-Crew verlangt täglichen
Einsatz mit Kamm und Bürste. Ein weitzahniger Kamm
löst verworrene und verklebte Haare, widerspenstigen Fell-
knoten rückt man mit einer Stricknadel zu Leibe. Ein eng-
zahniger Kamm beseitigt tote Haare und Schmutzteilchen,
die Naturborstenbürste sorgt schließlich für Form und Pfiff
(→ *Pflegezubehör, Seite 97*). Ein bisschen Babypuder erleichtert das Ausbürsten. Für behutsame Feinarbeit im Gesicht
und an den Ohren eignet sich eine Zahnbürste. Sollten die
Haare im Pobereich immer wieder verkleben, kann man sie
mit der Schere kürzen.

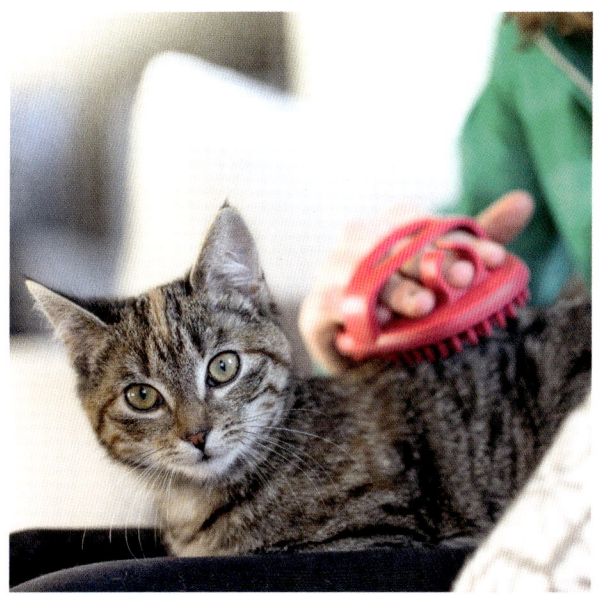

Gut für Haut und Haar: Die Noppenbürste sorgt bei Kurzhaarkatzen für ein sauberes Fell und befreit es von abgestorbenen Haaren. Gleichzeitig massiert sie die Haut und regt so die Durchblutung an.

DAMIT KURZHAAR NICHT ZU KURZ KOMMT

Gönnen Sie Ihrer Kurzhaarkatze regelmäßig eine Pflege-Session, auch wenn es keinen dringenden Pflegebedarf gibt. Kamm und Bürste signalisieren Zuwendung und Streicheleinheiten und stärken die Beziehung. Wie beim Langhaar entfernt der engzahnige Kamm lose Haare, Fremdkörper und Schmarotzer. Eine Noppen- oder Naturborstenbürste aktiviert die Durchblutung der Haut, und wenn's besonders schick sein soll, bringt ein Samttuch Glanz ins Fell.

Auch ein feuchtes Fensterleder sorgt für schönes Haar. Bei regelmäßigem Einsatz reduziert es zudem die Menge der Allergene im Fell. Diese Stoffe stammen aus den Anal- und Speicheldrüsen der Katze. Sie werden von ihr beim Putzen im Fell verteilt, wo sie an den Haaren haften, sich dann überall verteilen und bei entsprechend anfälligen Menschen allergische Reaktionen auslösen können.

Ganz egal ob Kurz-, Lang- oder Halblanghaar – das Entfernen abgestorbener Haare mit Kamm und Bürste stellt sicher, dass Mieze bei der Wäsche mit der Zunge weniger Haare aufnimmt und verschluckt. Die Pflegeassistenz des Halters ist daher ein wichtiger Beitrag, um die Bildung von Haarballen (Bezoaren) im Katzenmagen zu verlangsamen.

DIE TÄGLICHE PFLEGESTUNDE IST FÜR UNS EIN WICHTIGES RITUAL

Betty, Maja und Max sind typische Perserkatzen, ruhig, bedächtig und verschmust. Betty und Maja stammen aus einem Wurf, Max kam später dazu, aber alle drei verstehen sich bestens. Morgens können sie es kaum abwarten, bis ich endlich mit dem Frühstück fertig bin. Dann startet nämlich die tägliche Pflegearie: zuerst Betty, dann Maja und zum Schluss Max. Als Kavalier lässt er den Damen den Vortritt. Für die Aktion habe ich einen kleinen, halbhohen Tisch reserviert. Ich muss mich nicht bücken, und die Katzen wissen sofort, was Sache ist. Jeden Tag genießen wir diese gemeinsame Stunde.

◈

GEWÖHNEN SIE IHRE KATZE VON KLEIN AUF AN KAMM UND BÜRSTE.

◈

Vera Schneidbrenner, 36, und ihre drei Perser sind ein eingeschworenes Team. Die allmorgendliche Pflegeprozedur versüßt Katzen und Halterin den Start in den neuen Tag.

95

Sanftes Händchen gefragt: Mit einem speziellen Augenpflegetuch lassen sich Tränenrinnen und unschöne Verkrustungen in den Augenwinkeln der Katze gut entfernen. Bei kurznasigen Rassen wie den Persern muss das meist regelmäßig geschehen.

DIE WICHTIGSTEN PFLEGEHANDGRIFFE

Mit geringem Aufwand und einfachen Handgriffen beugen Sie Erkrankungen Ihrer Katze vor und halten sie fit:

⊙ **Haut:** Trockene oder schuppige Haut regelmäßig mit Hautspray oder -lotion behandeln, um Entzündungen und Haarausfall durch Kratzen und Lecken zu verhindern.

⊙ **Augen:** Tränenrinnen und -krusten entfernt man mit dem Augenpflegetuch oder einer -lotion. Tränende Augen kommen vor allem bei kurznasigen Katzenrassen vor.

⊙ **Ohren:** Ohrmuscheln mit Watte, Ohrreiniger oder nicht fettender Creme säubern (keine Wattestäbchen!). Braune Krusten zeigen Ohrmilben an (Behandlung beim Tierarzt).

⊙ **Zähne:** Regelmäßiges Zähneputzen mit Zahnbürste und Tierzahnpasta beugt Zahnstein und Zahnproblemen vor.

⊙ **Pfoten:** Bei Freigängern Ballenzwischenräume auf Steinchen und Dornen kontrollieren, im Winter auf Streusalz, im Sommer auf Teerreste. Olivenöl schützt spröde Ballen.

⊙ **Krallen:** Zu lange Krallen mit der Krallenschere kürzen (→ *Pflegezubehör, rechte Seite*). Lassen Sie sich vom Tierarzt die Schneidetechnik demonstrieren, um nicht die Blutgefäße der Kralle verletzen. Auch Outdoor-Katzen müssen die Möglichkeit zum Krallenwetzen in der Wohnung haben.

⊙ **After:** Verschmutzungen mit einem weichen Tuch und etwas warmem Wasser entfernen. Ein ständig unsauberer Pobereich ist in vielen Fällen ein Krankheitssymptom.

/// **INFO** ///

Besondere Aufmerksamkeit brauchen kranke, gehandicapte und ältere Katzen, die sich nicht selbst sauber halten können. Ebenso übergewichtige Tiere, die bei der Körperpflege nicht mehr jede Stelle (zum Beispiel den After) erreichen.

PFLEGEZUBEHÖR

Zur richtigen Pflege der Katze gehört gutes Werkzeug. Mit dieser Grundausrüstung geht Ihnen das Beautyprogramm garantiert leichter von der Hand. So bleibt Mieze nicht nur optisch tipptopp, sondern auch gesund.

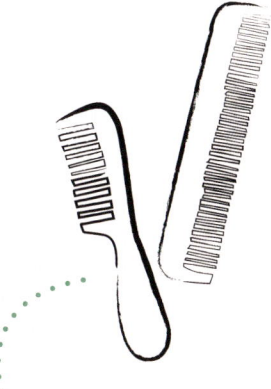

KRALLENSCHERE

Mit einer stabilen Schere können Sie die Krallen an der richtigen Stelle kürzen und laufen nicht Gefahr, die Blutgefäße zu verletzen.

FEIN- UND WEITZAHNIGER KAMM

Für die dichte Unterwolle langhaariger Katzen ist der weitzahnige Kamm das ideale Werkzeug. In einem Feinzahnkamm bleiben Staub, tote Haare und ungebetene Gäste hängen. Er gehört bei allen Katzen zur Grundausstattung.

NATURBORSTENBÜRSTE

Die Bürste kommt nach dem Kamm zum Einsatz und nimmt die verbliebenen Schmutzteilchen und toten Haare auf. Alternativ eignet sich ein Gummistriegel. Bürste und Striegel verleihen dem Fell Glanz.

ZECKENZANGE

Mit der Zeckenzange lassen sich die Schmarotzer sicher und vollständig aus der Haut entfernen.

DOPPELZAHNBÜRSTE & TIERZAHNPASTA

Die Doppelzahnbürste reinigt und pflegt die Zähne von beiden Seiten. Auch eine Fingerzahnbürste ist gut geeignet. Verwenden Sie dazu bitte ausschließlich Tierzahnpasta.

FIT & WELL

SO BLEIBT DIE KATZE GESUND

Artgerechte Ernährung, gute Pflege, gewissenhafte Krankheitsvorsorge und regelmäßige
Impfungen, ein katzengerechtes Zuhause, enge Bindung an den Menschen,
ein vertrauter Tagesablauf, viele Spiel- und Beschäftigungsmöglichkeiten. Was das alles
ist? Nicht mehr und nicht weniger als der Schlüssel zur Gesundheit Ihrer Katze.

SIEBEN LEBEN?

Die Katze hat sieben Leben – so sagt zumindest der Volksmund. Der englische bescheinigt ihr sogar neun Leben. Warum sich diese »Weisheit« über die Jahrhunderte hartnäckig gehalten hat, liegt auf der Hand: Katzen lassen sich Krankheiten kaum anmerken oder verkriechen sich, wenn es ganz schlimm um sie steht (→ *Schon gewusst?, Schwäche zeigen ist gefährlich, Seite 101*). Und dann gibt es noch das Phänomen, dass Katzen wie durch ein Wunder immer wieder Stürze aus großer Höhe überleben. Das »Wunder« hat eine plausible Erklärung: Miezes Fell bläht sich wie ein Fallschirm auf und bremst den freien Fall. Natürlich hat auch die Katze nur ein Leben, und mit dem muss ihr Halter sorgsam umgehen, sprich: sein Pflegekind vor Krankheit schützen und fit und gesund erhalten.

DIE SIEBEN ECKPFEILER DER FÜRSORGE

Medizinische Versorgung und Impfschutz sind lediglich ein Punkt auf der Fürsorge-Agenda des Katzenhalters. Sie erstreckt sich auf alle Lebensbereiche der Samtpfote, vom Schutz ihrer »Privatsphäre« und der aufs Lebensalter abgestimmten Ernährung bis zur Stressvermeidung und vielfältigen Bewegungs- und Beschäftigungsangeboten.

• **Privatzone:** Als standorttreues Tier braucht die Katze einen Bereich im Zentrum ihres Reviers, in dem sie bei Bedarf ungestört ist (→ *Neue Heimat, Seite 46–47*). Heimat bedeutet für sie Geborgenheit und Sicherheit und gibt ihr Kraft. Veränderungen mag sie hier überhaupt nicht.

• **Feinkost:** Basis der Katzenernährung ist proteinreiches Futter. Fehlernährung und minderwertige Nahrungsbestandteile führen zu Mangelerscheinungen, bei Jungtieren sogar zu irreparablen Entwicklungsschäden.

Schlafmützen bleiben gesund: Die Katze braucht ausgiebige und ungestörte Ruhe- und Schlafphasen, um ihre »Hochleistungs-Akkus« wieder aufzuladen. Schlafen ist für Mieze die beste Krankheitsvorsorge.

Alles normal? Ein Digitalthermometer misst die Körpertemperatur der Katze am besten. Die eingefettete Spitze wird ca. 2 cm in den After eingeführt.

100

◈ **Bodycontrol:** Nicht mehr als drei bis vier Minuten kostet der tägliche Gesundheitscheck bei der Katze (→ *Ist meine Katze gesund?, rechte Seite*). Diese Zeit sollte jeder Halter für seinen Liebling investieren. Katzen, die Körper und Fell nicht selbst sauber halten können, brauchen Hilfestellung.

◈ **Job-Center:** Spiele und Beschäftigungsanreize schützen vor Langeweile und Fehlverhalten. Die Spielstunde mit dem Halter fördert die Beziehung (→ *Spiel mit mir, Seite 124–129*). Regelmäßige Bewegung hält den Stubentiger schlank und fit.

◈ **Stressless:** Hektik, ständiger Lärm, Wechsel oder Verlust der Bezugsperson, unstrukturierte Tagesabläufe, Alleinsein über lange Zeit, fehlende Zuwendung, Unterdrückung durch dominante Artgenossen sind typische Stressauslöser bei Katzen. Wird die stressige Situation nicht bereinigt oder gemildert, kann es zu Fehlverhalten, Zwangshandlungen und Erkrankungen kommen.

◈ **Doktors Check:** Mindestens einmal jährlich sollte der Tierarzt Ihre Katze untersuchen. In der Regel nimmt er dabei auch die nötigen Schutzimpfungen (Wiederholungsimpfungen) vor (→ *Impfkalender, Seite 107*).

◈ **Wurmkur:** Bei Wohnungshaltung ist eine Wurmkur nur nötig, wenn in der Kotprobe Wurmeier nachgewiesen werden. Freigänger entwurmt man ein- bis viermal im Jahr.

KONTROLLIERTE FAMILIENPLANUNG

Um unerwünschtem Nachwuchs vorzubeugen, gibt es bei der Katze zwei Möglichkeiten: Kastration und Sterilisation. Doch nur eine ist wirklich sinnvoll.

◈ **Kastration:** Bei der Kastration entfernt der Tierarzt die Eierstöcke der Kätzin bzw. die Hoden des Katers. Der Eingriff verhindert nicht nur zuverlässig, dass sich Katzen fortpflanzen, er unterbindet auch das für rollige Kätzinnen typische Verhalten. Nach der OP markieren die meisten Kater zudem nur noch selten, und auch ihre Lust am Streunen wird gedämpft.

◈ **Sterilisation:** Bei einer Sterilisation werden die Eileiter der Kätzin bzw. die Samenleiter des Katers durchtrennt. Die Katze ist nun nicht mehr fortpflanzungsfähig, doch der Geschlechtstrieb und mit ihm alle unerwünschten Nebenwirkungen (Rolligkeit der Kätzin, Spritzharnen des Katers) bleiben weiterhin erhalten. Die Sterilisation wird heute nicht mehr praktiziert.

SCHEINTRÄCHTIGKEIT

Die scheinträchtige Katze zeigt Symptome der Trächtigkeit, einen dicken Bauch und ein angeschwollenes Gesäuge. Obwohl sie nicht trächtig ist, sucht sie nach einem geeigneten Wurflager und schleppt meist Gegenstände ins Nest, zum Beispiel ihre Spielsachen, die sie dann wie neugeborene Junge behandelt. In fast allen Fällen verschwinden die Anzeichen nach kurzer Zeit wieder, nur selten behält die Kätzin ihr mütterliches Verhalten über Wochen bei. Paarungsbereit ist eine scheinträchtige Katze nicht.

Der Tierarzt kann stärkere Symptome der Scheinträchtigkeit medikamentös behandeln. Wird die Katze häufiger scheinträchtig, steigt das Risiko von Gebärmutterentzündungen und Gesäugetumoren. Hier ist die Kastration sinnvoll. Kastrierte Weibchen können nicht mehr scheinträchtig werden. Zu Erkrankungen, wie sie nach wiederholter Scheinträchtigkeit auftreten, kommt es deutlich seltener.

ALLES IM GRÜNEN BEREICH?

⊛ **Fieber messen**: Die Körpertemperatur der gesunden erwachsenen Katze liegt zwischen 38,3 und 39,0 °C. Zur Messung nimmt man den Schwanz zur Seite und führt das Thermometer ca. 2 cm in den After ein. Ein Digitalthermometer zeigt die Temperatur am schnellsten an.

⊛ **Puls fühlen:** In Ruhe beträgt die Pulsfrequenz 120 bis 140 Schläge in der Minute. Am besten lässt sich der Puls an der Innenseite des Oberschenkels ertasten.

⊛ **Atmung kontrollieren:** Eine entspannte Katze macht 20 bis 40 Atemzüge pro Minute. Die Atemfrequenz lässt sich durch Auflegen der Hand am Heben und Senken des Brustkorbs ermitteln.

KRANKENVERSICHERUNGEN FÜR KATZEN

Die Krankenvollversicherung übernimmt die Kosten für ambulante, stationäre und chirurgische Behandlungen der Katze. Erstattet werden auch die Kosten für Medikamente sowie für Vorsorge- und Heilanwendungen.

Die Beitragshöhe ist vom Alter und der Rasse abhängig und unterscheidet zwischen reinen Wohnungskatzen und Tieren mit Auslauf. Für kastrierte Katzen liegt der Beitrag niedriger. Vor allem bei den Zusatzleistungen (zum Beispiel Impfungen, Wurmkuren) können die Angebote der Versicherungen voneinander abweichen.

Eine Operationsversicherung kommt für die Kosten des Eingriffs und die danach benötigten Medikamente auf.

/// SCHON GEWUSST? ///

SCHWÄCHE ZEIGEN IST GEFÄHRLICH

Eine Katze, die sich unwohl fühlt, lässt sich normalerweise nichts anmerken. Bei einer wirklich ernsten Erkrankung verkriecht sie sich in einer dunklen Ecke. Der Grund: In Hauskatzen ist das Erbe ihrer wild lebenden Vorfahren noch wach. In freier Wildbahn, wo es oft um Leben und Überleben geht, muss eine Einzelkämpferin wie die Katze immer Stärke beweisen. Registrieren Konkurrenten oder Feinde Schwäche, kann das für sie böse enden.

IST MEINE KATZE GESUND?

1   Die Katze ist aufmerksam, neugierig und sucht den Kontakt zu ihrem Menschen.

2   Ihr Körper zeigt die natürliche Spannung, der Rücken ist nicht gekrümmt.

3   Beim Laufen, Springen und Klettern erkennt man keinerlei Behinderung. Die Katze bewegt sich koordiniert und lahmt nicht.

4   Das Fell ist glatt und ohne Bruch- oder Kahlstellen, bei Langhaarkatzen ist es nicht verfilzt.

5   Die Haut ist elastisch und frei von Entzündungen, Rissen, Wunden, Krusten und Knoten.

6   Die Augen sind klar, das dritte Augenlid, die Nickhaut, tritt nicht hervor. Die Ohren sind sauber und frei von Gerüchen.

7   Die Zähne sind ohne Schäden, Zahnfleisch und Rachen nicht gerötet und geruchsfrei.

8   Die Pfoten sind ohne Risse, Fremdkörper oder Schmutz; die Krallen sind unbeschädigt.

9   Der Po ist sauber und nicht verklebt. Der Kot ist geformt, der Harn nicht verfärbt.

10   Körper und Fell sind sauber. Die Katze putzt und wäscht sich regelmäßig.

10 Punkte, auf die Sie beim Gesundheitscheck Ihrer Katze achten sollten. Die tägliche Tast- und Sichtkontrolle nimmt nicht mehr als 3 bis 4 Minuten in Anspruch.

101

FRÜHERKENNUNG

ALARMZEICHEN RICHTIG DEUTEN

Früh erkannt, Gefahr gebannt: Da Katzen Schwäche und Krankheiten meist sehr lange verbergen, ist es für Ihren Menschen wichtig, auch kleinste körperliche Symptome und Verhaltensauffälligkeiten zu registrieren. So kann eine Erkrankung im Ernstfall frühzeitig behandelt werden, und Mieze ist bald wieder auf dem Damm.

102

INFO

Verkriecht sich die Katze oder lässt sie sich nicht anfassen, ist das fast immer ein Krankheitssymptom.

IST DAS NOCH NORMAL?

Jede Katze hat individuelle Gewohnheiten und Verhaltensweisen: Während manche in unüberschaubaren Situationen völlig cool bleiben, reagieren andere scheu und schreckhaft. Die eine putzt sich unermüdlich, ihre Kollegin begnügt sich mit beiläufiger Katzenwäsche zwischendurch, der dritten kann man es mit keinem Futter recht machen, die nächste akzeptiert alles, was in ihrem Fressnapf landet.

Die meisten Katzenhalter wissen sehr genau, wie sich ihre WG-Partnerin verhält, welche Marotten und Macken sie hat, wie sie sich fortbewegt, ob sie gesprächig ist und ihre Ansprüche und Nöte unmissverständlich anmeldet oder selbst dann noch schweigt, wenn sie nicht fit ist. Nur wer mit dem normalen Verhalten und der körperlichen Verfassung der gesunden Katze vertraut ist, kann Veränderungen erkennen und meist auch die Ursachen einschätzen. Bei langjährigen Katze-Mensch-Beziehungen ist das wie in einer »alten Ehe«: Man registriert intuitiv, fast unbewusst und ohne nachzufragen, dass mit dem Partner etwas nicht in Ordnung ist. Damit es aber nicht beim vagen Gefühl bleibt, sollte der Gesundheitscheck (→ *Checkliste, Ist meine Katze gesund?, Seite 101*) für jeden Katzenhalter zum festen Tagesprogramm gehören.

AUFFÄLLIGES VERHALTEN

Verhaltensänderungen sind häufig die ersten Anzeichen einer Erkrankung. Manche Abweichungen vom normalen Verhalten – zum Beispiel Schreckhaftigkeit oder vermehrtes Trinken – schleichen sich so langsam ein, dass der Halter sie zunächst kaum bemerkt, andere – etwa Krämpfe oder eine unsichere Fortbewegung – zeigen sich plötzlich. Bleibt das auffällig veränderte Verhalten länger als 24 Stunden bestehen, muss die Katze zum Tierarzt.

Plötzlich auffällig durstig? Normalerweise trinkt die Katze wenig. Großer Durst ist daher oft ein Anzeichen für Unwohlsein oder Krankheit wie bei Nierenentzündungen und Diabetes.

Quälender Juckreiz: Parasiten, Pilze, Allergien und vieles mehr verursachen Haarausfall und Hautprobleme. Nicht selten kratzt sich die Katze an den befallenen Stellen blutig.

◈ **Allgemeine Verhaltensänderungen:** Übermäßige Scheu, Abwehrreaktionen beim Anfassen, ständiges Kopfschütteln oder Kratzen, Unruhe, Apathie, Orientierungslosigkeit, Aggressivität sind generelle Symptome, die verschiedene Ursachen haben können. Dazu gehören Parasitenbefall, Infektionskrankheiten, Magen-Darm-Erkrankungen, nachlassendes Seh- oder Hörvermögen, Entzündungen innerer Organe, Allergien und andere. Für den Tierarzt ist eine Diagnose nur möglich, wenn er weitere, meist körperliche Symptome feststellt und die Krankheitsursache durch Laboranalysen (wie Blut, Harn, Hautgeschabsel) eingrenzt.

◈ **Fressunlust und Nahrungsverweigerung:** Häufig Folge von Zahnproblemen oder Entzündungen im Mund und Rachen. Gestörtes Fressverhalten kann von vielen Krankheiten ausgelöst werden, darunter Wurmbefall, Gastritis, verschluckte Fremdkörper und Infektionskrankheiten.

◈ **Großer Durst:** Ständig und viel zu trinken ist für Katzen untypisch. Häufige Ursache sind Zuckerkrankheit, Entzündungen der Nieren, Leber oder Bauchspeicheldrüse.

◈ **Toilettenprobleme:** Nieren- und Bauchspeicheldrüsenentzündungen, Erkrankungen von Darm und Harnwegen, Diabetes und Verstopfung führen zu Schwierigkeiten beim Absetzen von Kot und Harn. Hat Mieze dabei Schmerzen, meidet sie fast immer ihre Toilette.

◈ **Anormale Bewegungen:** Torkelndes Laufen, Zuckungen und Krämpfe sind typische Begleitsymptome von Epilepsie, Nerven- und Infektionskrankheiten, wie der Tollwut und Aujeszkyschen Krankheit.

KÖRPERLICHE KRANKHEITSANZEICHEN

◈ **Allgemeine Symptome:** Fieber, Atemnot und rasselnde Atemgeräusche müssen immer ernst genommen werden. Ebenso Gewichtsverlust bei normalem Appetit, aufgetriebener Bauch und eingefallene Flanken. Die möglichen Krankheitsursachen reichen von Allergien, Lungenentzündung, Diabetes, Parasiten bis zu Tumoren und Infektionen.

◈ **Haut und Fell:** Für Haarausfall und Kahlstellen können Flöhe, Nierenprobleme und Würmer verantwortlich sein. Abszesse und Ekzeme der Haut sowie blutig gekratzte, entzündete oder verkrustete Hautpartien werden von Pilzen, Allergien, Parasiten und Bissen anderer Katzen verursacht.

◈ **Augen, Ohren, Zähne und Mund:** Ein ständig sichtbares drittes Augenlid (Nickhaut) ist immer ein Alarmzeichen. Tränende Augen und gerötete Bindehaut werden von Glaukomen, Bindehautentzündung, verstopften Tränenkanälen, aber auch von Nerven- und Infektionskrankheiten ausgelöst. Nasenausfluss kann die Folge von Erkältungen, aber auch von Tumoren und Virusinfektionen sein. Bräunliche Beläge im Gehörgang deuten auf Befall durch Herbstgras- oder Ohrmilben hin. Rachenentzündungen, Nieren- und Infektionskrankheiten und Fremdkörper in Rachen oder Mund verursachen Speichelfluss und Schluckbeschwerden, zum Teil auch Geschwüre auf der Zunge oder im Rachen. Die Katze riecht meist aus dem Mund. Das gilt auch bei Zahnfleischentzündungen, Zahnproblemen und Zahnstein.

◈ **Magen und Darm:** Typische Ursache für Durchfall oder Verstopfung: Fehlernährung, Würmer, Leber- oder Bauchspeicheldrüsenentzündung, Infektionen. Erbrechen kann Folge einer Gastritis, Nahrungsmittelunverträglichkeit oder Vergiftung sein. Katzen erbrechen regelmäßig Haarballen.

TIPP

Der Organismus junger und alter Katzen besitzt nur geringe Abwehrkräfte. Bei Krankheitsverdacht sollten Sie die Katze daher möglichst umgehend zum Tierarzt bringen.

103

KATZENKRANKHEITEN

SYMPTOME, URSACHEN UND BEHANDLUNG

Gesund ernährte und gut gepflegte Katzen werden selten krank. Regelmäßige Kontrolluntersuchungen und Impfungen bieten zusätzlichen Schutz. Als Halter sollten Sie jedoch für den Ernstfall gewappnet sein und die Symptome und Ursachen der wichtigsten Katzenkrankheiten kennen.

104

DIE HÄUFIGSTEN KRANKHEITEN

Schmarotzer und Pilze auf der Haut und im Fell werden manchmal zur echten Plage. Manche Katzen sind für Zahnstein anfällig, der unbehandelt großen Schaden anrichten kann, andere haben einen sensiblen Magen und reagieren allergisch auf bestimmte Nährstoffe. Zu den häufigsten und wichtigsten Katzenkrankheiten gehören auch Infektionskrankheiten, gegen die nur regelmäßige Schutzimpfungen Sicherheit bieten (→ *Impfkalender, Seite 107*).

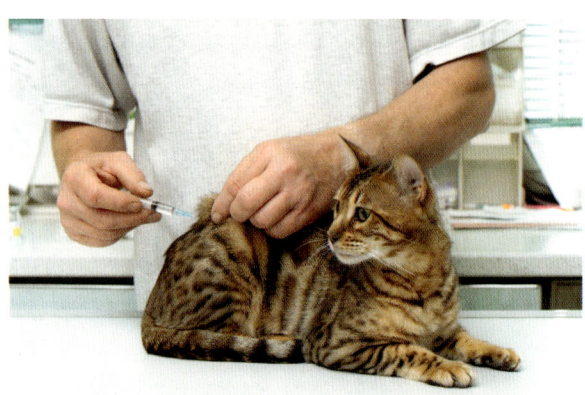

Brave Patientin: Selbst Katzen, die sich sonst eher widerborstig aufführen, werden beim Tierarzt häufig lammfromm und lassen alles mit Engelsgeduld über sich ergehen.

Magen, Nieren und andere innere Organe

◈ *Magen-Darm-Entzündung:* Typisch sind Erbrechen und Durchfall, oft auch ein aufgeblähter Bauch. Die Katze frisst ständig Katzengras. Ursachen: Vergiftung, Haarballen, verschluckte Fremdkörper, Nahrungsmittelunverträglichkeit, Fehlernährung, Würmer. Auch Folge von Infektionen und Leber- oder Bauchspeicheldrüsenkrankheit. Therapie: Futterpause (maximal 24 Stunden), danach leichte Aufbaukost. Bei andauerndem Durchfall oder Erbrechen muss der Flüssigkeitsverlust durch Infusionen ausgeglichen werden.

◈ *Gastritis (Magenschleimhautentzündung):* Die Katze frisst kaum noch oder gar nicht und erbricht. Therapie: wie bei der Magen-Darm-Entzündung.

◈ *Bauchspeicheldrüsenentzündung:* Die Katze frisst und trinkt nicht, erbricht, ist apathisch und hat einen aufgeblähten Bauch. Therapie: Der Tierarzt verabreicht Schmerzmittel und verordnet Nährinfusionen, später eine fettarme Diät.

◈ *Zuckerkrankheit (Diabetes mellitus):* Trotz Heißhunger und vermehrtem Trinken magert die Katze ab. Therapie: Da die Bauchspeicheldrüse kein Insulin mehr liefert, muss es gespritzt werden. Ernährung mit spezieller Diätkost.

◈ *Lungenentzündung:* Fieber, Kurzatmigkeit, trockener Husten. Die Katze hat keinen Appetit und magert ab.

Ursachen: verschluckte Fremdkörper, Immundefekt, Infektion der Lunge. Therapie: Antibiotika (bei Bakterien), Antimykotika (bei Pilzen), Inhalationen.

◈ **Bronchitis:** Rasselnder Atem, Husten, Fieber. Aus Luftnot atmet die Katze mit offenem Maul. Ursachen: meist bakterielle oder Virusinfektion. Therapie: Antibiotika und schleimlösende Medikamente.

◈ **Niereninsuffizienz:** Die Katze trinkt viel, magert ab, ist apathisch und riecht aus dem Maul. Ursachen: Stoffwechselstörung, Infektionskrankheit, altersbedingter Leistungsverlust der Nieren. Therapie: Antibiotika, Infusionen, Diät.

◈ **Blasensteine:** Probleme beim Harnabsetzen. Ursachen: Grieß oder Steine behindern den Harnfluss in Harnwegen und Blase. Meist als Folge von Flüssigkeitsmangel oder bei einer Harnwegsinfektion, zum Teil aber auch Veranlagung. Kater sind anfälliger für Blasengrieß und Blasensteine als Kätzinnen. Therapie: Harnwege spülen, Antibiotika, Steine operativ entfernen.

Fell, Haut und Gelenke

◈ **Allergien:** Dauerlecken und -kratzen führt zu Haarausfall, Wunden und Geschwüren. Weitere Symptome: Husten, Erbrechen, Durchfall (bei Futtermittelallergie). Ursachen: Nahrungsstoffe, Flohbisse, Schimmelpilze, Staubmilben. Therapie: Futterumstellung nach Eliminationsdiät (vom Tierarzt überwacht), konsequente Flohbekämpfung.

◈ **Pilze:** Haarausfall, stumpfes Fell, entzündete Krallen. Ursachen: Hautpilze (*Microsporum*). Übertragbar, auch auf den Menschen. Therapie: Antipilzmittel, von der Katze benutzte Gegenstände regelmäßig reinigen.

◈ **Abszesse:** Hautschwellung, Fieber, Apathie nach Bissverletzung. Ursachen: Bisse von Artgenossen bei Katzenkämpfen gehen tief ins Gewebe und heilen nur langsam. Therapie: Der Tierarzt öffnet den Abszess und gibt Antibiotika.

◈ **Arthritis und Arthrose:** Bewegungsunlust, Lahmheit, die Katze lässt sich kaum anfassen. Ursachen: entzündliche (Arthritis) oder degenerative Gelenkveränderungen (Arthrose) durch altersbedingten Verschleiß, rheumatische Erkrankung oder Virusinfektion. Arthrose tritt bei älteren Katzen relativ häufig auf. Therapie: schmerz- und entzündungshemmende Arznei, Massagen.

ICH BIN SCHWANGER. MUSS UNSERE KATZE JETZT WEG?

Nachdem ich gehört habe, dass eine Katze, die mit Toxoplasmose infiziert ist, ein Risiko für das ungeborene Kind darstellt, weiß ich nicht, ob unsere Trixie bei uns bleiben kann. Eine Trennung wäre schmerzhaft, aber die Gesundheit des Kindes geht vor. Der Tierarzt untersucht jetzt Trixies Blut und Kot und prüft, ob sie mit Toxoplasmose infiziert ist. Ich selbst mache einen Test bei meinem Arzt. Falls ich früher schon mit dem Erreger in Kontakt kam, ist das Risiko gering. Wenn Trixie bleibt, werde ich natürlich im Umgang mit ihr auf Hygiene achten. Die Katzentoilette darf dann mein Mann säubern.

NUR DIE ERSTINFEKTION STELLT FÜR SCHWANGERE EIN RISIKO DAR.

Augen, Zähne, Ohren

◈ **Konjunktivitis:** Typisch für eine Bindehautentzündung sind tränende, verklebte Augen und geschwollene Bindehäute. Die Katze kneift die Augen zu. Ursachen: Zugluft, Allergie, Infektion, Verletzung. Therapie: entzündungshemmende Salben und Tropfen, Kompressen, Augenbäder, bei bakterieller Infektion Antibiotika.

◈ **Zahnfleischentzündung:** Geschwollenes und gerötetes Zahnfleisch, fauliger Mundgeruch, Speicheln, Fressunlust. Ursachen: Zahndefekte, Zahnstein. Therapie: Zahnbehandlung, Zahnstein entfernen, entzündungshemmende Arznei.

◈ **Gingivitis:** Bei entzündeter Mundschleimhaut frisst die Katze kaum noch, blutet aus dem Mund, speichelt und hat Mundgeruch. Mundschleimhaut und Zunge sind gerötet.

Ihr Frauenarzt hat Miriam Sperling, 24, gerade mitgeteilt, dass sie schwanger ist. Miriams Freude ist nicht ganz ungetrübt: Was wird mit Trixie? Muss sie jetzt vielleicht aus dem Haus? (→ Toxoplasmose, Seite 107).

Ursachen: bakterielle oder Virusinfektion, auch Folge von Zahnstein. Therapie: Antibiotika, entzündungshemmende Medikamente. Zähneputzen beugt Gingivitis vor.

◉ **Ohrenentzündung:** Die Katze kratzt am Ohr, schüttelt den Kopf. Ursachen: Entzündung des Gehörgangs durch Ohrmilben, Bakterien, Pilze oder Fremdkörper. Therapie: medikamentöse Bekämpfung von Parasiten und Bakterien.

Parasiten

◉ **Würmer:** Spul- und Bandwürmer parasitieren im Darm und führen zu Durchfall, Fressunlust und Abmagerung. Ursachen: Infektion mit Spulwürmern über Kot, aber auch über die Muttermilch. Bei engem Kontakt mit Katzen kann sich auch der Mensch mit Spulwürmern anstecken. Gefährdet sind hier vor allem Kinder. Mit dem Katzen- und Hundebandwurm, seltener dem Fuchsbandwurm, können sich Katzen über befallene Nagetiere und auch über Flöhe infizieren, die den Würmern als Zwischenwirt dienen. Therapie: Wurmkuren (→ Info, rechts). Jungkatzen werden ab der 2. Lebenswoche entwurmt.

◉ **Flöhe:** Flohbisse verursachen Juckreiz und übertragen Krankheiten (Bandwürmer). Ständiges Kratzen führt zu Wundstellen und zur Entzündung der Haut. Therapie: Behandlung mit Flohbekämpfungsmitteln. Auch die Liegeplätze müssen in die Flohbekämpfung einbezogen werden.

Schutz vor Flöhen: Das Flohhalsband ist ein Weg, um die Parasiten zu bekämpfen. Darüber hinaus gibt es Spot-on-Präparate, Puder und Shampoos. Nicht nur die Katze selbst, sondern auch ihre Liegeplätze müssen behandelt werden.

◉ **Milben**: Typisch für Ohrmilben sind braune Krusten im Gehörgang, Kratzen am Ohr und Kopfschütteln. Therapie: Spot-on-Präparate, Injektionen. Räudemilben lösen starken Juckreiz aus. An Kopf, Ohren und Pfoten bilden sich verkrustete Stellen. Therapie: Spezialbäder. Die Larven der Herbstgrasmilbe erkennt man als orangefarbene Punkte an Kopf, Ohren, Bauch und Pfoten. Die Katze leckt und kratzt sich häufig. Therapie: manuelles Entfernen.

◉ **Zecken:** Das rechtzeitige Entfernen schützt vor Infektionen an der Bissstelle. Therapie: Mit einer Zeckenzange lassen sich die Parasiten sicher aus der Haut lösen.

/// **INFO** ///

Zwischen der 2. und 12. Woche wird die junge Katze alle 14 Tage entwurmt, danach im 6. Monat und später ein- bis viermal jährlich. Um den Organismus nicht unnötig zu belasten, empfehlen viele Tierärzte, eine Wurmkur bei der erwachsenen Katze nur vorzunehmen, wenn bei der Kotuntersuchung Wurmeier nachgewiesen werden.

INFEKTIONSKRANKHEITEN

Gegen einige Infektionskrankheiten bieten nur Impfungen Schutz. Welche Impfung sinnvoll ist, hängt vom Alter und den Lebensbedingungen der Katze ab.

◉ **Katzenschnupfen:** Virusinfektion. Übertragung durch Husten, Speichel, kontaminierte Objekte. Symptome: Apathie, Niesen, die Katze frisst und trinkt nicht, Ausfluss aus Nase und Augen. Therapie: Antibiotika, Infusionen. Vorbeugen durch Schutzimpfung.

◉ **Katzenseuche:** Virusinfektion. Übertragung von Katze zu Katze, auch über Gegenstände. Lebensbedrohlich für Jungtiere. Symptome: Erbrechen, Durchfall, Fieber, Abmagern. Therapie: Infusionen, Immunseren. Vorbeugen durch Schutzimpfung.

◉ **Katzenleukose (FeLV):** Virusinfektion. Übertragung mit Speichel oder über Muttermilch. Symptome: Fieber, Appetitverlust, Geschwulste. Therapie: nicht heilbar. Vorbeugen durch Schutzimpfung (nach Leukose-Test).

106

IMPFKALENDER

In der Regel wird nach der Grundimmunisierung gegen Katzenschnupfen jährlich, gegen Katzenseuche alle 3 Jahre geimpft. Je nach Impfstoff wird die Tollwutimpfung alle 1–3 Jahre wiederholt.

| IMPFUNG GEGEN | GRUNDIMMUNISIERUNG | | WIEDERHOLUNGSIMPFUNG |
	ERSTIMPFUNG	FOLGEIMPFUNGEN	
Katzenschnupfen	8. Woche	12. und 16. Woche — 15. Monat	jährlich*
Katzenseuche	8. Woche	12. und 16. Woche — 15. Monat	alle 3 Jahre*
Tollwut (bei Auslauf)	12. Woche	16. Woche — 15. Monat	nach 1–3 Jahren*
FIP und Leukose	abhängig von Haltungsbedingungen und Infektionsdruck		

* je nach Angabe des Impfstoff-Herstellers

- ◈ Grundimmunisierung: Dazu gehören alle Impfungen in den ersten 15 Lebensmonaten der Katze.
- ◈ Wurmkur: Beim Impfen müssen Katzen gesund und wurmfrei sein. Entwurmen 2–4 Wochen vor Wiederholungsimpfung.

107

◈ *Feline Infektiöse Peritonitis (FIP):* Virusinfektion. Übertragung durch Kot infizierter Tiere. Symptome: Fieber, Apathie, Futterverweigerung, Abmagern bei aufgetriebenem Bauch. Therapie: nicht heilbar. Vorbeugen durch Impfung mit Impfschutz bei ca. 60 Prozent der Tiere.

◈ *Feline Immunschwäche (FIV):* Virusinfektion. Übertragung über Speichel und Blut infizierter Katzen. Symptome: Apathie, Fieber, Fressunlust, rote Augen. Therapie: nicht heilbar. Behandlung von Folgekrankheiten. Keine Impfung.

◈ *Tollwut:* Virusinfektion. Übertragung über den Speichel (durch Bisse und Kratzwunden) infizierter Füchse, Fledermäuse, Marder und anderer Wildtiere. Symptome: Unruhe, Speicheln, Krämpfe, Aggressivität, Lähmungen. Therapie: nicht heilbar. Vorbeugen durch Schutzimpfung. Tollwutverdacht ist meldepflichtig. Auch beim Menschen tödlich.

Bei Reisen ins Ausland muss die gültige Impfung gegen Tollwut im EU-Heimtierpass der Katze (→ *Info, Seite 71*) eingetragen sein.

◈ *Aujeszkysche Krankheit:* Virusinfektion. Übertragung durch rohes Schweinefleisch. Die Symptome ähneln denen der Tollwut. Therapie: nicht heilbar. Vorbeugen: kein rohes Schweinefleisch an die Katze verfüttern.

◈ *Toxoplasmose:* Infektion mit dem Darmparasiten *Toxoplasma gondii.* Übertragung durch rohes Fleisch, Katzenkot und infizierte Nagetiere. Symptome: Die Katze bleibt fast beschwerdefrei. Erkrankte Tiere scheiden über Wochen ein infektiöses Entwicklungsstadium des Parasiten aus. Danach sind sie meist lebenslang immun. Therapie: Antibiotika, wenn Erreger in Blut und Kot nachgewiesen werden. Vorbeugen: kein rohes Schweinefleisch füttern, auf saubere Katzentoilette achten.

Für die meisten Menschen ist Toxoplasmose harmlos. Bei Erstinfektion sind jedoch Schwangere und Personen mit Immunschwäche gefährdet. Eine Blut- und Kotanalyse bringt Aufschluss darüber, ob die Katze infiziert ist. Wichtig ist eine sorgfältige Hygiene im Umgang mit Katzen.

GESUNDHEIT SCHÜTZEN

VORSORGEN UND ABWEHRKRÄFTE STÄRKEN

◆

KATZEN VERBERGEN SCHWÄCHE UND KRANKHEIT OFT LANGE. DIE TÄGLICHE KONTROLLE VON KÖRPER UND VERHALTEN DURCH DEN BESITZER IST DAHER BEI IHNEN BESONDERS WICHTIG.

◆

DR. HEIDI KÜBLER ist seit 26 Jahren als Tierärztin tätig. Nach ihrem Studium absolvierte sie eine naturheilkundliche Zusatzausbildung und arbeitet neben der Schulmedizin mit Bach-Blüten, Schüßler-Salzen, homöopathischen und pflanzlichen Mitteln. Sie ist Vorsitzende der Gesellschaft für Ganzheitliche Tiermedizin e.V., Autorin und bildet Tierärzte in Naturheilverfahren aus. Besonders am Herzen liegen Dr. Kübler alte Katzen, die nur wenige Symptome zeigen, sodass Erkrankungen oft erst sehr spät bemerkt werden. Ihr Appell: Lassen Sie Katzen, die älter als sieben Jahre sind, regelmäßig mindestens einmal jährlich vom Tierarzt untersuchen!

≫→ **Meine Cora ist neun Monate alt und oft erkältet. Wie stärkt man ihr Immunsystem?**
DR. HEIDI KÜBLER: Erkältungen kommen bei jungen Katzen häufig vor und trainieren die körpereigene Abwehr. Oft sind die Tiere dabei nicht richtig krank, sondern niesen nur oder sind etwas heiser. Bessern sich die Symptome innerhalb von zwei bis drei Tagen, ist keine Behandlung notwendig. Bei vielen Katzen verliert sich die Erkältungsneigung, wenn sie erwachsen sind. Darüber hinaus gibt es

bewährte Mittel aus der Naturheilkunde zur Stabilisierung des Immunsystems, wie zum Beispiel Echinacea-Globuli.

≫→ **Unsere vierjährige Katze ist nicht kastriert, weil sie nie nach draußen kommt. Jetzt ist sie zum zweiten Mal scheinträchtig. Ist eine Kastration bei ihr noch sinnvoll?**
DR. HEIDI KÜBLER: Ja, auf jeden Fall. Immer wenn Katzen Probleme mit ihrem Geschlechtsleben haben wie eben Scheinträchtigkeiten oder wenn sie unter häufigen und ausgeprägten Rolligkeiten leiden, empfehle ich die Kastration. Darüber hinaus bekommen unkastrierte Kätzinnen im Alter häufig Gebärmuttererkrankungen. Das kann durch die Kastration vermieden werden.

≫→ **Obwohl wir sehr darauf achten, dass unser Moritz gesund ernährt wird, hat er ab und zu Durchfall. Gibt es homöopathische Mittel, die ihm helfen können?**
DR. HEIDI KÜBLER: Bevor man irgendwelche homöopathischen Mittel verabreicht, sollte ein Tier immer genau untersucht werden. Durchfall ist ein häufiges Symptom, das ganz unterschiedliche Ursachen haben kann: Futtermittelallergien oder -unverträglichkeiten, Darmparasiten, eine

Das Schwanzjagen der Katze kann ein Symptom für eine Erkrankung, aber auch für psychische Probleme wie Stress oder Langeweile sein.

gestörte Darmflora, Darmentzündung, Stress, der auf den Darm schlägt, und noch weitere. Findet man keine spezifische Ursache kann das homöopathische Mittel *Nux vomica* helfen. Damit sollte der Durchfall innerhalb von ein bis zwei Tagen verschwunden sein und nicht wiederkehren.

≫→ Ich will meine beiden Katzen nur entwurmen, wenn sie positiv auf Wurmbefall getestet wurden. Wie oft muss ich den Test bei Freigängern machen lassen?
DR. HEIDI KÜBLER: Wenn Sie sichergehen wollen, dass Ihre Katzen keine Würmer haben, müssen Sie den Test alle vier Wochen durchführen lassen und täglich die After-region kontrollieren. Denn Bandwürmer, die von Mäusen und Flöhen übertragen werden können, werden bei der parasitologischen Kotuntersuchung nicht immer gefunden. Bandwurmglieder entdeckt man häufiger um den After oder an der Schwanzunterseite. Für die Kotuntersuchung sollte der Kot von zwei bis drei Tagen gesammelt werden.

≫→ Mein Kater ist ein Haudegen. Nach einem bösen Biss am Hals verordnete ihm der Tierarzt einen Halskragen. Für den Kater die Hölle. Gibt es keine andere Methode?
DR. HEIDI KÜBLER: Bei Wunden ist es wichtig, dass Katzen nicht dauernd intensiv daran lecken oder kratzen können, da das schnell zu Wundheilungsstörungen führt. Meist fangen Wunden in der Heilungsphase nach einigen Tagen zu jucken an. Da man seine Katze nicht Tag und Nacht ununterbrochen so unter Kontrolle haben kann, dass sie nicht leckt oder kratzt, braucht es einen Wundschutz. Bei Verletzungen im Halsbereich könnte man dem Kater ein Halstuch oder einen Schal umbinden. Ein Stück eines

Schlauchverbandes, das man innen mit einer Slipeinlage oder dünnen Damenbinde polstert, kann ihn ebenfalls vom Lecken und Kratzen abhalten.

≫→ Seit ein paar Tagen jagt unsere Somali-Kätzin ständig ihren eigenen Schwanz. Kann man dieser Zwangsneurose möglicherweise mit Akupunktur beikommen?
DR. HEIDI KÜBLER: Fürs Schwanzjagen gibt es ganz unterschiedliche Ursachen. Dazu gehören Schmerzen, Juckreiz oder Missempfindungen, zum Beispiel Kribbeln am Rücken. Auch verstopfte Analbeutel kommen infrage. Deshalb erst beim Tierarzt körperliche Probleme abklären lassen, bevor Sie Ihrer Katze eine Neurose unterstellen. Ist körperlich alles okay, überlegen Sie bitte, ob Sie in letzter Zeit nur wenig Zeit für Ihre Katze hatten oder ob sie Stress durch Veränderungen in ihrer nächsten Umgebung hatte, etwa durch Handwerker im Haus oder neue Möbel. Jagt eine Katze ihren Schwanz wegen mangelnder Zuwendung oder aus Langeweile, machen Beschäftigungsprogramme mehr Sinn als Medikamente oder Akupunkturnadeln. Bei Stress helfen dagegen eher beruhigende Maßnahmen wie homöopathische Mittel, Bach-Blüten oder Akupunktur. Finden Sie keinen Auslöser für das Schwanzjagen und macht Ihre Katze es immer öfter, sollten Sie einen Spezialisten für Katzenverhalten aufsuchen.

Bei Outdoor-Katzen ist eine regelmäßige Kotuntersuchung durch den Tierarzt genauso wichtig wie die tägliche Kontrolle der Afterregion auf Würmer.

109

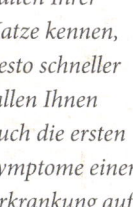

TIPP

Je besser Sie die körperliche Verfassung und das normale Verhalten Ihrer Katze kennen, desto schneller fallen Ihnen auch die ersten Symptome einer Erkrankung auf.

KRANKENPFLEGE

DIE WICHTIGSTEN ANWENDUNGEN

Im Fall der Fälle gilt es oft, schnell zu handeln. Gut, wenn man dann die wichtigsten
Regeln und Handgriffe im Umgang mit einer kranken Katze kennt.
Auch die Vorbereitung und Nachsorge von Operationen und die Langzeitpflege
chronisch kranker Tiere erfordern zumindest etwas Basiswissen.

110

WAS KRANKEN KATZEN GUTTUT

Viel Wärme, viel Schlaf, viel trinken: Für die kleine Patientin ist das häufig schon der halbe Weg zur Genesung – unabhängig von der Art ihrer Erkrankung, ihrem Alter und der körperlichen Verfassung. Auch frisch operierte und noch narkotisierte Stubentiger brauchen sehr viel Wärme.

◈ *Hauptsache schön warm:* Der Korb mit der kranken Katze sollte während der Heizperiode in der Nähe einer Heizung stehen, auch in den kühleren Sommermonaten

Wärme und Schlaf: Eine kranke oder noch geschwächte Katze muss warm gehalten werden (mindestens 24 °C) und braucht Ruhe. Sie muss viel trinken und wird häppchenweise mit leichter Kost gefüttert.

darf die Temperatur im Krankenzimmer nicht unter 24 °C sinken. In vielen Fällen empfiehlt der Tierarzt eine Bestrahlung mit Rotlicht. Installieren Sie die Lampe nicht zu dicht über der Patientin, halten Sie die empfohlene Bestrahlungsdauer ein, und überwachen Sie die Anwendung. Trockene Luft von weniger als 50 Prozent Luftfeuchtigkeit macht kranken Tieren zu schaffen. Ein Luftbefeuchter sorgt für ein besseres Raumklima. Das Krankenlager der Katze muss zudem vor Zugluft geschützt sein.

◈ *Trinken, Trinken!* Bei vielen Krankheiten kommt es zu Erbrechen und Durchfall. Leichter Kräutertee oder Wasser mit Traubenzucker helfen, den hohen Flüssigkeitsverlust auszugleichen. Eventuell verordnet der Tierarzt Mineralzusätze fürs Trinkwasser. Stellen Sie den Trinknapf neben das Krankenlager, damit Ihre Katze jederzeit trinken kann.

◈ *Futterhäppchen:* Appetitverlust ist eine typische Begleiterscheinung, wenn Ihr Wohnungstiger krank ist. Versuchen Sie die Katze mit Handfütterung oder etwas Futterbrei auf der Fingerspitze zum Fressen zu animieren. Manchmal leckt sie auch Brei von ihrem Pfotenrücken ab. Bleiben sämtliche Angebote erfolglos, müssen Sie der Patientin Flüssignahrung mit der Einmalspritze (ohne Nadel) seitlich in die Backentasche träufeln.

KATZENAPOTHEKE

Packen Sie in Miezes Hausapotheke auch Kohletabletten (für leichten Durchfall),
Wundsalbe zur Förderung der Wundheilung, Flohmittel, Augensalbe, Wurmtabletten
und eine Rettungsdecke, um die Katze nach einem Unfall warm zu halten.

TIPP

Prüfen Sie regelmäßig die Verfallsdaten der Medikamente, und ersetzen Sie sie bei Bedarf.

EINMALSPRITZE

Mit der Einmalspritze (ohne Nadel)
träufelt man der Katze Flüssigmedizin
oder Nährlösung in die Backentasche.

VERBANDSCHERE, PINZETTE & ZECKENZANGE

Die Pinzette und eine abgewinkelte
(kniegebogene) Verbandschere, beide mit abgerundeten Spitzen, sind
ebenso Teil der Grundausstattung
wie die Zeckenzange.

VERBANDMATERIAL

Zur Erstversorgung einer Verletzung sollte die Katzenapotheke elastische Fixierbinden, Verbandwatte, Wundgaze, Kompressen, eine Pflasterspule und ein Desinfektionstuch enthalten.

NOTFALLTROPFEN

Rescue Remedy heißen die Notfalltropfen oder -globuli, die sich aus
fünf verschiedenen Bach-Blüten
zusammensetzen (→ *Hilfe aus der
Natur, Seite 114*).

FIEBERTHERMOMETER

Zum Fiebermessen bei der Katze (→ *Alles im grünen
Bereich?, Seite 101*) eignet sich ein Digitalthermometer
am besten, da es sofort die Temperatur anzeigt.

111

MEDIZIN RICHTIG VERABREICHEN

Wenn Katzen mit Arznei versorgt werden müssen, stößt das meist auf wenig Gegenliebe und großes Gezeter. Bitte versuchen Sie es nie mit der Brechstange, das nimmt Ihnen der Stubentiger lange übel. Geduld, Fingerspitzengefühl und kleine Tricks führen fast immer zum Ziel.

⦿ **Tabletten:** Eine Tablette im Futter zu verstecken ist der einfachste, aber nicht immer erfolgreiche Weg. Meist frisst die Katze alles, nur die Tablette nicht. Selbst die Lieblingshäppchen erregen Missfallen, wenn sich darin Arznei verbirgt. Alternative A: Tablette zerreiben, mit Vitaminpaste oder Quark vermischen und auf die Pfote streichen. Der Putzwang tut ein Übriges. Alternative B: Tablette auf altbewährte Weise direkt in den Rachen legen (→ Step by Step, Tabletten schlucken, rechte Seite). Alternative C: Tablette in Wasser auflösen und mit Einwegspritze in die Backentasche träufeln (nicht für alle Tabletten geeignet).

⦿ **Tropfen:** Zum Eingeben von Ohrentropfen hebt man die Ohrmuschel an, träufelt die Tropfen ein und massiert den Ohrgrund, um die Flüssigkeit zu verteilen. Danach das Ohr abwischen, damit die Patientin die Medizin nicht mit der Pfote aufnimmt und dann ableckt.

Augentropfen applizieren Sie am besten, wenn die Katze sitzt. Kopf unterm Kinn fassen und anheben. Die andere Hand hält die Tropfflasche, zieht das Oberlid hoch und träufelt die Tropfen von oben ins Auge. Mit Augensalbe ist es schwieriger: Hier sollte eine zweite Person die Katze festhalten, während Sie die Lider leicht auseinanderziehen und den Salbenstrang vorsichtig auf den unteren Lidrand geben.

⦿ **Spot-on-Präparate:** Nackenhaare der Katze zur Seite legen und Wirkstoff (zum Beispiel Flohbekämpfungsmittel) auf die Haut tropfen. An dieser Stelle des Körpers kann Ihre Katze die Lösung nicht ablecken.

⦿ **Spritzen:** In der Regel spritzt der Tierarzt die Patientin. Nur wenn bei chronischen Erkrankungen wie Diabetes tägliches Spritzen erforderlich ist, übernimmt der Halter die Aufgabe. Die Spritze wird im Nacken unter die zeltartig angehobene Haut gesetzt. Einstichstelle immer wechseln.

⦿ **Medizinische Bäder:** Baden ist für Katzen ein Graus. Der Tierarzt verordnet Bäder nur bei starkem Parasitenbefall oder großflächigen Fell- und Hauterkrankungen. Eine Wanne ca. 10 cm mit handwarmem Wasser füllen. Das Fell anfeuchten, das medizinische Shampoo 8 bis 10 Minuten einwirken lassen, abspülen und die Katze mit einem Handtuch trocknen (nicht föhnen). Der Wirkstoff darf nicht in Augen, Mund, Nase oder Ohren der Patientin kommen.

HAUTABSCHÜRFUNGEN UND KLEINE WUNDEN

Bisswunden gehören in die Hand des Tierarztes, auch wenn sie harmlos aussehen; ebenso tiefe und stark blutende Wunden. Kleine Schnittwunden können Sie selbst versorgen: Dafür das Fell im Wundbereich mit der Schere kürzen. Um eine Blutung zu stoppen, Kompresse auf die Wunde drücken, danach Druckverband anlegen. Kleine Wunden und Abschürfungen offen lassen, damit sie trocknen.

FRISCH OPERIERT

Nach einer Operation ist es besonders wichtig, dass der Körper der Katze nicht auskühlt. Auf der Heimfahrt schützt eine Decke das manchmal noch narkotisierte Tier in seiner Transportbox. Zu Hause sollte die Box neben der Heizung oder in einem warmen und zugluftfreien Zimmer stehen. Stellen Sie den Wassernapf daneben, damit die Patientin trinken kann, sobald sie wach ist und sich auf den Beinen hält. Futter gibt es frühestens 6 bis 8 Stunden nach der OP, wirkt die Narkose länger, erst am Folgetag.

Medizin fürs Ohr: Ohrmuschel etwas anheben, Arznei vorsichtig einträufeln und die Ohrbasis massieren, damit sich die Flüssigkeit verteilt. Zum Schluss das Ohr auswischen, um den überschüssigen Wirkstoff zu entfernen.

TABLETTEN SCHLUCKEN

Was auch immer im Fressnapf liegt: Wenn es die Katze nicht kennt und vom Geruch nicht überzeugt ist, lässt sie es links liegen. Die Tablette unters Futter zu schmuggeln klappt oft auch nicht. Dann hilft nur noch die klassische Methode.

Ein Tablettengeber (Fachhandel) erleichtert die Prozedur. Mit ihm können Sie die Tablette ohne Probleme im Rachen der Katze ablegen.

Beim Tablettengeben sollte Ihre Katze möglichst entspannt sein. Signalisiert sie schon vorher ihr Missfallen, stehen die Chancen für diese Übung schlecht, und sie verweigert sich spätestens beim nächsten Schlucktest.

Die Katze sitzt vor Ihnen, und Sie halten die Tablette in einer Hand. Gehen Sie in die Hocke oder auf die Knie, umfassen Sie mit der anderen Hand den Kopf der Katze von hinten mit Zeigefinger und Daumen, und drücken Sie leicht auf die Mundwinkel, bis Ihr Stubentiger automatisch seinen Mund öffnet.

Legen Sie die Tablette so weit wie möglich hinten in den Rachen. Dann die Schnauze sofort mit der Hand zuhalten.

Leichtes Massieren am Hals löst den Schluckreflex aus und bewirkt, dass die Katze die Tablette schneller schluckt.

113

Tablettenschlucken in drei Akten: In einer Hand haben Sie die Tablette, die andere umfasst den Kopf der Katze von hinten.

Mit Zeigefinger und Daumen auf die Mundwinkel drücken, bis die Katze den Mund öffnet. Tablette weit hinten in den Rachen legen.

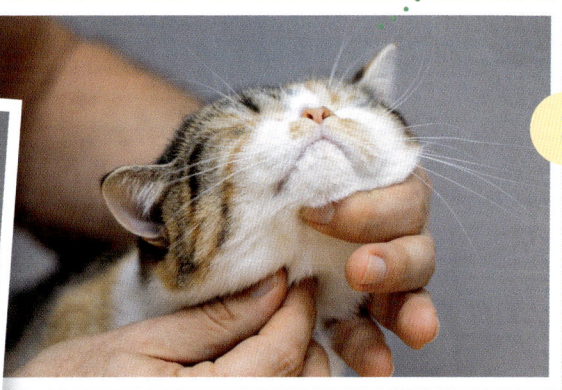

Sofort nach der Tablettengabe die Schnauze mit der Hand schließen und geschlossen halten. Wenn sie mit der anderen Hand den Hals der Katze massieren, führt der Schluckreflex dazu, dass sie die Tablette schneller schluckt.

HILFE AUS DER NATUR

ALTERNATIVE HEILMETHODEN

Die Natur hält oft die beste Medizin bereit. So können Naturheilverfahren
die Selbstheilung fördern und werden erfolgreich bei kleineren gesundheitlichen
Problemen der Katze, wie Erkältungen und Magenstörungen, aber
häufig auch bei chronischen Krankheiten und psychischen Problemen eingesetzt.

114

HOMÖOPATHIE

Die Homöopathie basiert auf einem Ähnlichkeitsprinzip:
Das Arzneimittelbild eines Wirkstoffs führt die charakteristischen Symptome auf. Der Homöopath vergleicht sie mit
den Symptomen des Kranken und verordnet das Mittel mit
den ähnlichsten Symptomen. Homöopathische Arzneimittel werden als Globuli (Kügelchen), Tabletten, Tropfen und
Salben bei Mensch und Tier eingesetzt. Dabei bestimmt
nicht allein das Krankheitsbild Auswahl und Dosierung des
Medikaments, die Verordnung berücksichtigt zugleich auch
Wesen und Lebensbedingungen des Patienten. Bei Katzen
bewährt sich homöopathische Medizin bei Erkältungen,
Magen-Darm-Störungen, Kreislaufschwäche, Allergien und
Verhaltensauffälligkeiten (→ *Checkliste, Die homöopathische
Katzenapotheke, rechte Seite)*. Sie wird aber auch begleitend
bei anderen Erkrankungen eingesetzt – nicht zuletzt dort,
wo Mieze ein Medikament verweigert oder nicht verträgt.

BACH-BLÜTEN

Der englische Arzt Edward Bach war davon überzeugt, dass
die Blüten bestimmter Blumen, Sträucher und Bäume das
Verhalten und die Stimmung von Mensch und Tier positiv
beeinflussen. Die 38 Bach-Blütenessenzen werden über das
Trinkwasser verabreicht, auf den Kopf geträufelt oder unter
die Zunge gegeben. Bei der Katze lindern Bach-Blüten
Angst, Unsicherheit, Aggressivität und Stresssymptome.

Die Bach-Blütenmischung Rescue Remedy erweist sich
in Extremsituationen als wertvolle Hilfe, etwa bei Schock,
Panik oder nach einem Unfall. Die Notfalltropfen setzen
sich aus den fünf Blütenessenzen Cherry Plum, Impatiens,
Rock Rose, Clematis und Star of Bethlehem zusammen und
sollten in keiner Katzenapotheke (→ *Seite 111*) fehlen.

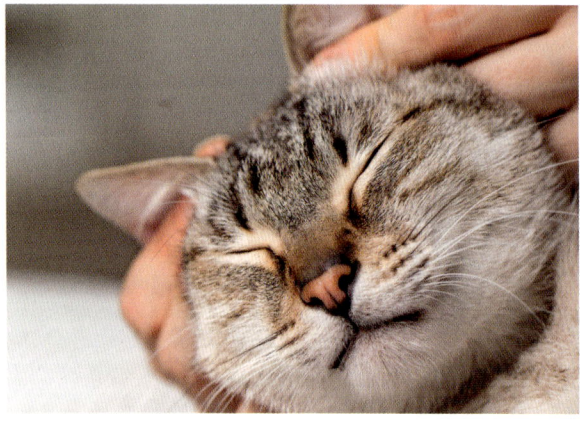

*»Mmmh – bitte nicht
aufhören!« Auch für
Katzen sind Massagen
eine Wohltat. Die
positive Wirkung ist
unbestritten: Massieren regt die Durchblutung an und löst
Verspannungen.*

Gesundheit von der Wiese: Viele Kräuter und Blumen liefern Wirkstoffe, die erfolgreich zur Heilung und Selbstheilung bei Tieren eingesetzt werden.

/// CHECKLISTE ///

DIE HOMÖOPATHISCHE KATZENAPOTHEKE

Diese homöopathischen Mittel helfen bei kleineren Gesundheitsproblemen der Katze, lindern Schmerzen, fördern die Heilung und unterstützen andere Therapieformen.

- *Aconitum:* bei Fieber, Schnupfen, Halsentzündung
- *Apis:* bei Insektenstichen und Juckreiz
- *Arnica:* bei kleinen Verletzungen und Verstauchungen
- *Berberis:* bei Nieren- und Blasenerkrankungen
- *Calcium carbonicum:* bei Wachstumsstörungen
- *Calendula:* bei schlecht heilenden Wunden
- *Crataegus:* bei Kreislaufschwäche
- *Euphrasia:* bei Augenentzündungen
- *Hypericum:* bei Nervenschmerzen
- *Nux vomica:* bei Erbrechen und Durchfall

TCM UND ANDERE NATURHEILVERFAHREN

◈ **TCM:** Die Traditonelle Chinesische Medizin basiert auf jahrtausendealten Beobachtungen und Erfahrungen und umfasst unterschiedliche Heilmethoden, wie Akupunktur, Massagen, Kräuterheilkunde und Ernährungslehre.

◈ **Schüßler-Salze:** Der Arzt Wilhelm Schüßler entwickelte eine Heilmethode, die auf zwölf Mineralstoffen (»Lebenssalzen«) basiert. Heute verwendet man weitere zwölf Salze. Bei Katzen behandelt man damit zum Beispiel Erkältungen.

◈ **Phytotherapie:** Heilkräuter lindern Schmerzen, wirken entzündungshemmend, entgiften und fördern die Heilung. Darreichung als Öle, Tinkturen, Salben, Tees und Aufgüsse.

MASSAGE, AKUPUNKTUR UND AKUPRESSUR

Therapeutische Massagen lösen Verspannungen, regen die Durchblutung an und verbessern das Wohlbefinden. Katzen genießen die sanften Handgriffe wie Streicheleinheiten.

Bei der Akupunktur werden Nadeln an definierten Körperpunkten (Meridianen) gesetzt, um einzelne Organe zu beruhigen oder zu stimulieren. Bei Stubentigern wendet man die Akupunktur unter anderem zur Bekämpfung von Schmerzen und bei psychischen Störungen an.

Die Akupressur verzichtet auf Nadeln. Stattdessen üben die Finger des Therapeuten leichten Druck auf die Akupunkturpunkte der Katze aus. Die Anwendungen können auch vom Halter selbst vorgenommen werden.

ERSTE HILFE

SICHER, SCHNELL UND EFFEKTIV

Neugier und Spieltrieb lassen Katzen auf die tollsten Ideen kommen. Das hat manchmal leider Unfälle, Verletzungen oder Vergiftungen und Verbrennungen zur Folge. Dann kommt es auf jede Minute an. Eine gute Erstversorgung im Notfall kann für die Katze lebensrettend sein und erleichtert dem Tierarzt die weiteren Maßnahmen.

116

Im App Store finden Sie die App »Erste Hilfe für Katzen«. Sie eignet sich für iPhone, iPad und iPod touch.

UNFALLCHECK

Notieren Sie sich möglichst alles, was Sie über den Unfall oder die Verletzung Ihrer Samtpfote in Erfahrung bringen können. Für den Tierarzt sind diese Infos die unverzichtbare Grundlage seiner Diagnose und Behandlung.

◈ Wie viel Zeit ist seit dem Unfall bzw. der Verletzung vergangen?

◈ Hat die Katze auf Ansprechen oder Berührung reagiert, oder verhielt sie sich apathisch?

◈ War die Atmung normal, hechelnd oder kaum merkbar?

◈ Hat sie Blut verloren, gespeichelt oder sich erbrochen?

◈ Wann und was hat sie zuletzt gefressen?

◈ Erhielt sie nach dem Unfall schon Medikamente?

◈ Nehmen Sie bei Verdacht auf Vergiftung den Giftstoff (mit Etikett oder Beipackzettel) bzw. die Pflanze, an der Mieze geknabbert hat, zum Tierarzt mit.

KRANKENTRANSPORT

Die Transportbox ist der beste und sicherste Platz, um eine verletzte oder verunglückte Katze zum Tierarzt zu bringen. Achten Sie darauf, dass sie während der Fahrt vor Unterkühlung und Zugluft geschützt ist. Eine zweite Person sollte neben der Box sitzen und die Patientin beruhigen.

Liegt nach einem Sturz der Verdacht nahe, dass sich die Katze an der Wirbelsäule verletzt hat, sollte sie möglichst wenig oder gar nicht bewegt oder angehoben werden. Zum Transport ist eine feste Unterlage erforderlich.

DIE WICHTIGSTEN SOFORTHILFE-HANDGRIFFE

Sie brauchen keine medizinische Vorkenntnisse, um Ihrem Stubentiger im Notfall zu helfen. Für die Erstversorgung sind in der Regel nur wenige einfache Handgriffe nötig.

Fremdkörper im Rachen

Den Kopf der Katze mit Daumen und Zeigefinger von hinten umfassen und auf die Mundwinkel drücken, bis sich die Schnauze öffnet. Ist der Fremdkörper sichtbar, kann er mit einer Pinzette entfernt werden. Eine zweite Person sollte Mieze festhalten, damit sie keine hektischen Bewegungen macht und sich verletzt. Liegt der Fremdkörper weit hinten im Rachen, muss er vom Tierarzt entfernt werden.

Insektenstiche

Bei einem Bienenstich den Stachel entfernen und die gestochene Pfote mit Eis kühlen. Ein Stich in Mund oder Rachen kann die Atmung blockieren, daher sofort zum Tierarzt!

Blutende Wunden

Wundgaze aus der Katzenapotheke auflegen und mit Kompresse und Fixierbinde einen Druckverband anlegen, um die Blutung zu stoppen. Ist die Katzenapotheke nicht zur Hand, können Sie sich mit Papiertaschentüchern und einem Handtuch oder Schal als Ersatz für die Fixierbinde behelfen. Die Katze umgehend zum Tierarzt bringen.

Atemstillstand

Der Brustkorb hebt und senkt sich nicht mehr. Die Katze auf die rechte Körperseite legen und mit der flachen Hand in schneller Folge fünf bis zehn Mal auf den Brustkorb drücken, danach beatmen. Dazu die Schnauze geschlossen halten und mit dem Mund Luft in die Nasenlöcher blasen. Herzmassage und Beatmung mehrfach wiederholen.

Schock

Die Katze ist apathisch, ihre Atmung kaum registrierbar. Die Schleimhäute sind blass, die Pfoten fühlen sich kalt an. Seitenlagerung, warm halten, für freie Atmung und Frischluft sorgen. Sofort den Tierarzt alarmieren.

Bewusstlosigkeit

Die Katze zeigt keine Reaktion. Auf die rechte Körperseite legen, den Mund leicht öffnen und die Zunge etwas nach vorn ziehen. Warm halten und für ungehinderte Atmung sorgen. Den Tierarzt alarmieren.

Risiko-Spielplatz: Für Katzen mit Auslauf stellen Autos und der Straßenverkehr die mit Abstand größten Gefahren für ihre Gesundheit dar.

Pulskontrolle: Am besten lässt sich der Pulsschlag der Katze an der Innenseite des Oberschenkels ermitteln. Ihr Ruhepuls liegt bei 120 bis 140 Schlägen pro Minute.

Vergiftung

Typische Symptome: Speicheln, Erbrechen, Durchfall, apathisches Verhalten, Krämpfe. Die Katze sofort zum Tierarzt bringen. Angaben zum Giftstoff nicht vergessen!

Hitzschlag

Symptome: Apathie, Hecheln, Speicheln. Die Katze in den Schatten legen, mit feuchten und kalten Tüchern bedecken.

Verbrennung

Die verbrannte Körperpartie mit Wasser betupfen oder einen Eisbeutel auflegen. Katze zum Tierarzt bringen.

Bissverletzungen

Bisse von Artgenossen sehen äußerlich harmlos aus, führen aber häufig zu Abszessen. Im Zweifel Tierarzt konsultieren.

TIPP

In Tierkliniken und bei vielen Tierärzten können Sie einen Erste-Hilfe-Kurs für Tierbesitzer absolvieren.

JOBS & SPIELE

POWER, FITNESS UND FUN FÜR KÖRPER UND KÖPFCHEN

Spielen ist absolut ihr Ding: Wenn Katzen spielen, vergessen sie alles andere. Und das zu Recht: Spielen trainiert Körperkoordination, Kraft und Reaktionsvermögen und sorgt für Fitness bis ins hohe Alter.

ALLE WOLLEN SPIELEN

VIEL MEHR ALS ZEITVERTREIB

Für uns ist Spielen Nebensache und Zeitvertreib. Katzen könnten ohne zu spielen nicht leben. Spielelemente bestimmen den Katzentag mit: Kaum dass sie stehen können, trainieren die Wurfkistenzwerge spielerisch ihre Fähigkeiten. Erwachsene Katzen machen ihrer Anspannung nach erfolgreicher Jagd im Erleichterungsspiel Luft.

PFLICHTTRAINING FÜR KINDERGARTEN-KIDS

Spätestens nach zehn Minuten wilder Verfolgungsjagd und Balgerei ist die Rasselbande total erschöpft. Wer sich eben noch mit spitzen Zähnchen und Pfotenhieben erbarmungslos traktierte, schlummert nun einträchtig und dicht aneinandergekuschelt im Katzenkorb. Spielen ist anstrengend, ganz besonders für den Nachwuchs. Es erfordert blitzschnelle Reaktionen und perfekte Körperkoordination. Verständlicherweise ist es mit der Perfektion bei den vier oder fünf Wochen alten Kätzchen nicht weit her, aber das tägliche Intensivtraining zahlt sich erstaunlich schnell aus.

Als Trainingspartner werden die Wurfgeschwister und Mama verpflichtet. Die allerdings macht unmissverständlich klar, wenn ihr das wilde Treiben zu bunt wird und sie nicht mehr als Turngerät herhalten will. Viele Verhaltensmuster und Bewegungsabläufe sind der Katze angeboren, müssen aber im Kindesalter geübt und verfeinert und auch später regelmäßig getestet werden. Das gilt für das Sexualverhalten und die Körperpflege, besonders aber fürs Jagen und Beutemachen. Den spielerischen Charakter der Kinderkämpfe erkennt man daran, dass die Handlungen häufig nur in Teilsequenzen ablaufen oder lediglich angedeutet und meistens auch noch stark übersteigert werden.

Spielen erzieht zum rücksichtsvollen Umgang mit den Artgenossen: In den Kampfspielen erfahren die Kleinen, wie weit sie gehen dürfen, was die Wurfgeschwister akzeptieren und was nicht. Im Spiel erproben sie auch den Tötungsbiss. Dabei stellt eine angeborene Beißhemmung sicher, dass der Nackenbiss dem als Dummy dienenden Artgenossen nicht unter die Haut fährt. Zumindest meistens. Zwickt es dann aber doch einmal zu heftig, legt der malträtierte Spielpartner sofort lautstark Protest ein.

Kein Entrinnen! Für die Katze macht es keinen Unterschied: Ob Spielmaus oder echter Nager – die Zähne der Jägerin packen die Beute mit festem Biss.

SPIELSACHEN

DIE KATZEN ANMACHEN

Natürlich gibt's nichts Schöneres als die Spielstunde mit dem Lieblingsmenschen. Aber der ist ja nicht immer da. Also braucht es einige Anregungen für Solospiele oder ein Spielchen mit dem befreundeten Artgenossen. Es muss gar nichts Besonderes sein.

SPIELMÄUSCHEN

Einfach unwiderstehlich: Mit der Fellmaus kann Ihre Katze immer wieder für den Ernstfall trainieren – vom Anschleichen und der Attacke bis zum richtigen Nackenbiss und dem Wegschleppen des Beutetiers.

122

FEDERWEDEL

Der Federwedel ist ein klassisches Spielzeug für die Katze. Hängen Sie ihn so hoch, dass sich Mieze strecken muss, um ihn zu erwischen. Mit dem Wedel können auch zwei Katzen gleichzeitig spielen. Super Alternativen sind Bungee-Mäuse und Spielangeln an Gummibändern oder Spiralfedern.

PLAY 'N' SCRATCH

Der Ball läuft im Schienenkreis und kann mit der Pfote geschubst, aber nicht hinausbefördert werden. Für noch mehr Spielspaß sorgen Achterbahn-Elemente, Erweiterungsschienen, Leuchtbälle, oft auch eine Catnip-Kratzmatte in der Mitte.

PUNCHINGBALL

Der Punchingball sitzt an der Spitze eines Federstabs und zuckt wild hin und her, wenn die Katze ihn mit Pfotenhieben traktiert. Genau das Richtige für Sportfreaks. Am Punchingball sind ein schnelles Auge und flinke Pfoten gefragt.

KNABBERKISTE

Es sind oft die einfachen Dinge, die den größten Spaß machen. Ein simpler Karton wird sofort zum Zweitwohnsitz erklärt. Seine Pappwände darf man ungestraft anknabbern, und in der Papierschnitzelfüllung lässt sich ganz herrlich wühlen oder ein Nickerchen halten. Gibt's mehrere Katzen im Haus, hat natürlich jede ein Recht auf ihre eigene Kartonvilla.

DUNKELKAMMER

Dunkle Ecken und Verstecke üben eine magische Anziehungskraft auf Katzen aus. Aus einer warmen Kuschelhöhle kommt ein Stubentiger so schnell nicht wieder heraus.

FUMMELBRETT

123

Mit der Pfote nach Leckerlis und Spielzeug angeln – herrlich! Echte »Fummler« lassen sich auch von Deckeln und Klappen nicht abhalten. Im Handel gibt es Fummelbretter in vielen Varianten. Kann man aber auch selbst basteln (→ *Selber machen, Magisches Fummelbrett, Seite 127*).

SISALBALL

Die große Sisalkugel ist Spielzeug und Krallenwetzstation in einem. Das derbe Sisalmaterial verführt den Stubentiger zum Krallenschärfen und sorgt dafür, dass seine Krallen immer die perfekte Länge haben und nicht gekürzt werden müssen.

SPIEL MIT MIR!
SPIELIDEEN FÜR KATZE UND MENSCH

Spielen macht süchtig. Das kann jede Katze unterschreiben, vor allem dann, wenn es
ums Spielen mit dem Menschen geht. Dafür verschiebt man
sogar den Futtertermin oder die Inspektionsrunde durchs Revier. Katzen spielen nicht
mit jedem. Spielen ist Vertrauenssache und Ausdruck einer starken Beziehung.

124

DIE KATZE, DER MENSCH UND DER BALL

Bälle machen Katzen glücklich. Sie befriedigen die Jagdlust fast so gut wie eine lebendige Maus. Speziell für den reinen Wohnungstiger, der nie eine Originalbeute vor die Pfoten bekommt, der ideale und jederzeit verfügbare Ersatz. Solo

Ball spielen macht Spaß, doch mit einem Spielpartner Ball spielen macht viel mehr Spaß. Mit den eigenen Kollegen klappt das oft nicht, weil viele den Ball als Privatbesitz betrachten und ihn nicht mehr hergeben. Ergo: Der Halter muss mitmachen! Für die Katze die naturgegebene Kombination: ich, mein Ball und mein Mensch – eine unendliche Dreiecksgeschichte. Hinzu kommt, dass der Ball, so rundlich harmlos er auch aussieht, ein echtes Universalgerät ist: Man kann ihn rollen, werfen, fangen, jagen, verstecken, apportieren und beknabbern, er verführt zum Fußballspiel und ist als Snackball ein leckerer Futterautomat.

Reaktionstraining: die Maus im Blick, die Pfote angehoben – gleich schlägt der Minitiger zu (links). Leckerbissenspender: Den Snackball haben alle Katzen zum Fressen gern (rechts).

....

/// TIPP ///

....

Reservieren Sie besonderes Spielzeug für besondere Zeiten, zum Beispiel ein Play-'n'-Scratch-Spiel für die Stunden, in denen Ihre Katze allein in der Wohnung bleiben muss. So bleibt der Spielreiz lange Zeit erhalten.

Kaufen Sie Spielsachen doppelt, wenn Ihre beiden Katzen dasselbe Spielzeug zum Favoriten erklärt haben. So lässt sich Ärger oft vermeiden. Falls nicht, Objekt wegschließen.

....

SPIELERTYPEN

Katzen sind Individualisten mit ausgeprägten Vorlieben. Das gilt auch fürs Spielen.
Viele sind hin und weg, wenn der Mensch sie zum Ballspiel animiert, andere
apportieren für ihr Leben gern oder beweisen Köpfchen bei kniffligen Tüftelaufgaben.

Wenn ein Kätzchen ins Haus kommt, erkennt man schon bald, zu welcher Katzenpersönlichkeit es sich einmal entwickeln wird. Das beinhaltet auch seine spielerischen und sportlichen Ambitionen. Eingleisig fahren Katzen dabei allerdings eher selten: Ein Raufbold oder Kletterkünstler kann irgendwann durchaus seine Begabung zum Ballkünstler oder Superhirn entdecken.

FUSSBALLPROFI

Fußball ist ihr Leben: Den meisten Katzen juckt's heftig in den Pfoten, sobald ein Ball ins Spiel kommt. Engagiert sich Ihre Katze für Fairplay, wenn sie mit Artgenossen Fußball spielt, oder will sie die Beute nicht mehr hergeben?

KLETTERMAX

Die dritte Dimension ist Katzenland: Hoch hinaus will jede. Doch obwohl Katzen schwindelfrei sind, verzagen manche auf halber Höhe oder schaffen den Abstieg nicht. Vor allem unerfahrene Youngster übernehmen sich häufig. Ist Ihr Stubentiger ein beherzter Himmelsstürmer?

SPRINGINSFELD

Hoch- oder Weitsprünge sind nicht jederkatz Sache. Schon gar nicht die älterer Semester, denen eine harte Landung unliebsam in die Knochen fährt. Mancher tollkühne Jungspund hingegen lässt sich mit Begeisterung zu Zielsprüngen oder dem artistischen Sprung durch einen Reifen (→ *Akrobat schööön!, Seite 137*) verführen.

ABENTEURER

Unbekanntes Terrain außerhalb der eigenen Reviergrenzen erkunden liegt allen Katzen im Blut. Das verlangt allerdings Mut und Selbstbewusstsein. Nichts für ein Hasenherz.

SPRINTER

Katzen sind fakultative Läufer. Für den Hund ist Laufen das Leben, die Katze gibt nur Gas, wenn's wirklich sein muss. Oder eben im Jagd- und Verfolgungsspiel. Dann aber gleich richtig mit Tempobolzen und Hakenschlagen.

NAHKÄMPFER

In Katzenkreisen sind spielerische Raufereien Kindersache. Es sieht zwar oft zum Fürchten aus, aber keine Angst, alles nur Spiel. Erwachsene Katzen balgen spielerisch meist nur mit ihrem Lieblingsmenschen. Hat Ihre Hausfreundin Spaß daran? Und verzichtet sie dabei auf den Kralleneinsatz?

SUPERHIRN

Beim Denksport scheiden sich die Geister. Hirnakrobaten tüfteln so lange, bis sie die Lösung finden, die weniger geistvolle Fraktion langweilt sich dabei tödlich und wartet darauf, dass es die Belohnung umsonst gibt.

ERSATZHUND

Apportieren interessiert viele Stubentiger nicht die Bohne. Einige schleppen zwar ihre Spielsachen herum, halten es aber für unter ihrer Würde, sie beim Halter abzuliefern.

125

Warum rennen, wenn man in Slow Motion auch zu seinem Ziel kommt? Die typische Fortbewegung der Katze ist ein gemächliches Schlendern.

Für die Youngster ist das Leben ein Spiel und die ganze Wohnung der Spielplatz: Nach einer Marathonsession mit dem Federwedel darf einem schon ein bisschen die Puste ausgehen. Aber keine Angst: Gleich geht's mit Volldampf weiter.

126

◉ **Soft-, Igel- und Pomponball:** Soft- und Pomponbälle sind perfekt für die Wohnung: Sie rollen lautlos über Parkett und Fliesen und eignen sich zum Fangen, Werfen und Apportieren. Beste Apportiereigenschaften haben Igelbälle.

◉ **Kong:** Die besondere Form des Kongs sorgt dafür, dass er beim Rollen oder nach dem Werfen ständig die Richtung wechselt, was der Katze blitzschnelles Reagieren abverlangt.

◉ **Gitterball:** Mit seinem geheimnisvoll raschelnden oder klackernden Innenleben fasziniert der Gitterball jede Katze.

◉ **Snackball:** Je geschickter Mieze den Snackball in Bewegung versetzt, desto mehr Leckerlis spuckt er aus.

◉ **Flashball:** Wenn sich Mensch und Katze im dunklen Zimmer treffen, wird der leuchtende Flashball zum aufregenden Highlight der Spielsession.

◉ **Catnip-Ball:** Der intensive Duft nach Katzenminze macht viele, aber nicht alle Samtpfoten an. Mit Catnip-Spielzeug sollte Ihre Katze immer nur begrenzte Zeit spielen.

◉ **Papierball:** Aus Zellstoff, einem ungefärbten Naturprodukt; in verschiedenen Größen erhältlich.

◉ **Sisalball:** Dank griffiger Oberfläche gibt es die Krallenpflege gratis dazu. Die im Handel angebotenen Sisalbälle sind oft mit Federn, Rasseln oder Catnip ausgestattet.

◉ **Vollgummi- und Tennisball:** Das richtige Hand- äh … Pfotenwerkzeug für den Fußballprofi. Die Katze ist Feldspielerin, der Mensch steht im Tor und pariert die Schüsse.

HASCH-MICH-SPIELE

Auge und Pfote der Katze gehen eine außerordentlich effektive Symbiose ein: Das Auge registriert selbst kleinste Bewegungen, die Pfote schlägt zielgerichtet und innerhalb von Sekundenbruchteilen zu. Für die Jägerin schon mal die halbe Miete, um zum Beuteerfolg zu kommen. Ihre fantastischen Fähigkeiten beweist Mieze auch in Spielen, die blitzschnelle Reaktion und flinke Pfoten verlangen.

MAGISCHES FUMMELBRETT

Fummelbretter ziehen Katzen unwiderstehlich an. An Spalten und Löchern oder zwischen eng stehenden Stäbchen beweisen die Tüftelprofis verblüffendes Geschick und angeln erfolgreich mit Pfoten und Krallen nach den leckeren Goodies.

SIE BRAUCHEN:

ca. 25 x 30 cm großes Brett, Holzdübel, 320er-Schleifpapier, Diamantschleifstäbchen, Pinsel, Holzleim, Geo-Dreieck, Bohrständer, 10-mm-Bohrer, Schraubzwinge und ein Schutzwachs oder -öl, das für Kinderspielzeug geeignet ist.

1 Markieren Sie die Bohrpunkte für die Dübellöcher im Abstand von 2,5 cm auf dem Brett.

2 Befestigen Sie das Brett und den Bohrständer (wichtig für gerades Bohren) auf dem Boden oder dem Tisch, und bohren Sie die 20 mm tiefen Löcher für die Dübel. Wenn Sie die Abstände von 2,5 cm genau einhalten, ergibt das beim 25 x 30 cm großen Brett ingesamt 99 Bohrstellen.

3 Jetzt müssen Sie alles sauber abschleifen, um Holzsplitter zu vermeiden – das Brett mit einer Schleifmaus, die Bohrungen mit einem Diamantschleifstäbchen.

4 Pinseln Sie Brett und Holzdübel mit dem Wachs oder Öl ein. Das schützt das Holz vor Schmutz und erleichtert das Sauberhalten. Wenn der Schutzanstrich getrocknet ist, kommt der Holzleim in die Bohrungen, und die Dübel werden eingesetzt.

TIPP

Beim Bohren auf dem Tisch sollten Sie zur Sicherheit die Schraubzwinge verwenden. So ist auch garantiert, dass Sie nicht versehentlich abrutschen.

127

Diese Anleitung stammt von Holzpfote (Lisa Zumbruch). In ihrem Shop http://de.dawanda.com/shop/Holzpfote können Sie das attraktive Fummelbrett auch direkt kaufen.

Federwedel für fixe Pfoten: Ein Federwedel holt selbst eingefleischte Couch-Potatos vom Sofa, vor allem wenn es gilt, echte Federn mit Pfoten und Krallen zu erwischen. Mit dem Federwedel vergnügen sich Katzen auch gerne einmal solo (→ *Spielsachen, Seite 122*), wenn aber der Lieblingsmensch den Wedel zucken lässt, ist es tausendmal schöner. Der Wedelstab sorgt für genügend Distanz zu den Krallen und schützt vor Kratzern. Trotzdem gehört ein Federwedel nicht in die Hände kleiner Kinder.

Lichtspiele: Ein von Taschenlampe, Laserpointer oder einem Fun Light (aus dem Fachhandel) erzeugtes und an der Wand tanzendes Licht macht auch Ihrer Katze Beine. Sie verfolgt den Lichtpunkt und versucht ihn mit der Pfote zu fangen. Richten sie den Lichtstrahl des Laserpointers aber nie auf die Augen Ihrer Spielpartnerin.

Staunen über Seifenblasen: Die farbig schillernden und langsam zu Boden sinkenden Seifenblasen faszinieren Katzen so sehr, dass sie die Flugobjekte oft lange unverwandt beobachten, bevor sie schließlich ganz langsam die Pfote heben, um sie zu berühren.

Korken-Zieher: Mehrere Korken an einen langen Faden binden und im Zickzack von der Katze wegziehen. Mehr braucht es nicht, um den Stubentiger in Jagdstimmung zu bringen. Absolut unwiderstehlich, wenn das verheißungsvolle Beuteobjekt dann noch unterm Teppich verschwindet.

Alles sehen, aber selbst nicht gesehen werden: Eine Devise, die ein Wohnungstiger genauso verinnerlicht hat wie seine wilden Verwandten. Der große Karton kommt da fürs Versteckspielen gerade recht.

EIN BISSCHEN HUND IST JEDE KATZE

Nun gut, es gibt Katzen, die nicht im Traum daran denken, für ihren Menschen den Hund zu machen. Andere aber haben längst die Segnungen des Apportierens entdeckt. Die bestehen nämlich aus leckeren Häppchen und warten beim Halter, dem man vorher das herbeigeschleppte Objekt vor die Füße legt. Und wenn er den nächsten Gegenstand wirft, tut man ihm doch gern den Gefallen und bringt auch den herbei. Irgendwann wird's langweilig, selbst die Leckerlis reizen nicht mehr. Aber vielleicht ja morgen wieder?

VERSTECKEN UND SUCHEN

Wo ist das Ding? Die Neugier sieht man Katzen an der Nasenspitze an. Und die Nase stecken sie fast zwanghaft in jeden offenen Schrank und jede dunkle Ecke. Die Suche nach versteckten Gegenständen liegt daher genau auf ihrer Wellenlänge, Motivationshilfe braucht es nicht.

Einstieg für Amateurdetektive: Zeigen Sie der Spürnase das Objekt, etwa die Lieblingsspielmaus, und legen Sie es in einen offenen Karton oder unter eine leichte, auf dem Boden liegende Decke, die sich dann über dem Gegenstand wölbt und so seine Position verrät. Ihre Mitspielerin schaut beim Verstecken zu. Geben Sie das Startsignal, indem Sie am Karton kratzen bzw. leicht mit der Hand auf das Objekt unter der Decke klopfen. Noch mehr Begeisterung rufen Gegenstände hervor, mit denen Sie beim Verstecken quietschende oder raschelnde Töne produzieren können.

Suchauftrag für Profi-Profiler: Objekt nicht am Boden, sondern im Bücherregal, auf einer Stuhlfläche oder in einer halb geöffneten Schublade deponieren. Auch hier darf Mieze Sie zuerst beim Verstecken beobachten, später – falls sie alle Suchanfragen mit links erledigt hat – nicht mehr.

Entdeckt! Erklären Sie sich selbst zum Suchobjekt. Mit Schublade oder Regal klappt es nicht, also verschwinden Sie hinter dem Vorhang oder einer Tür. Das entpuppt sich allerdings meist als Kurzgeschichte, weil die Katze Sie nach wenigen Sekunden entdeckt. Falls einmal nicht, bewegen Sie den Vorhang oder kratzen an der Tür. Auch wenn das Vergnügen nur von kurzer Dauer ist: Die Entdeckerin hat einen Riesenspaß dabei und wird für ihren erfolgreichen Job mit Lob, Streicheleinheiten und einem Leckerli belohnt.

AM SCHWEBEBALKEN

Katzen haben einen hoch entwickelten Gleichgewichtssinn. Auf einem schmalen Laufsteg kann Mieze beweisen, wie gut sie die Balance hält. Als »Schwebebalken« eignet sich eine sehr stabile, ca. einen Meter lange und 3 bis 4 cm breite Holzleiste. Sie wird über die Sitzfläche von zwei Stühlen oder Hockern gelegt und dort so befestigt, dass sie nicht verrutscht. Ein Leckerli animiert die Luftakrobatin zum Sprung auf den Stuhl, ein zweites und Ihre aufmunternden Worte locken sie von der anderen Seite des Stegs. Statt Holzleiste kann man den Balanceakt auch mit einem möglichst dicken Seil inszenieren, das von manchen Katzen favorisiert wird, weil ihre Krallen hier besseren Halt finden.

WENN DIE EIFERSUCHT MITSPIELT

Beim Spielen mit dem Lieblingsmenschen will jede immer die Erste sein. Das gilt selbst für Katzen, die unter einem Dach leben und sich sonst blendend verstehen. Damit Sie keine unschönen Eifersuchtsszenen schlichten müssen, darf keiner Ihrer Lieblinge zu kurz kommen. Am Federwedel können zwei Katzen ihre Reaktionen testen, ohne sich in die Wolle zu geraten, beim Apportieren dürfen sie unter verschiedenen Objekten wählen, und auch bei Ballspielen lassen sich Eifersüchteleien stoppen, wenn mehrere Bälle im Spiel sind – einer schöner als der andere.

··

/// CHECKLISTE ///

··

ZUM SPIELEN MOTIVIEREN

Selbst spielsüchtige Katzen sind nicht immer in Spiellaune. So fördern Sie bei Mieze die Lust auf ein Spielchen:

◈ Spielen Sie möglichst immer zu den gleichen Zeiten. Ihre Katze freut sich dann schon aufs gemeinsame Spiel.
◈ Spielen Sie in einer vertrauten Umgebung, wo weder Sie noch der Stubentiger gestört oder abgelenkt werden.
◈ Spielen Sie auf Augenhöhe mit Ihrer Katze, indem Sie in die Hocke oder auf die Knie gehen.
◈ Sprechen Sie mit ihr leise und im freundlichen Tonfall.

··

AKTION SICHER SPIELEN

1 Bissfest: Junge Katzen machen bei ihren Spielsachen häufig den Bisstest. Das Material muss den spitzen Zähnchen widerstehen. Geeignet sind Holz, Fell, Hartplastik, Sisal.

2 Schlucksperre: Kleine Bälle, die in den Mund genommen und verschluckt werden können, sind tabu. Mindestgröße: Tischtennisball.

3 Schreddern: Nicht bedruckte und beklebte Kartons und Pappschachteln dürfen beknabbert werden – aber auch Zeitungspapier.

4 Mundschutz: Katzenspielzeug darf keine scharfen Kanten haben und nicht splittern.

5 Pfoten weg: In Gardinen und Wollknäueln bleiben die Krallen hängen. Beim Spiel mit Plastiktüten besteht Erstickungsgefahr.

6 Absturzsicherung: Netze und Hängematten verhindern den freien Fall von großen Kratzbäumen und hoch gelegenen Laufstegen.

DER »SICHER SPIELEN«-CHECK IST BESONDERS WICHTIG, WENN IHRE KATZE ALLEIN IN DER WOHNUNG BLEIBT.

Den absoluten Rundumschutz kann man seiner Mieze nicht bieten, dazu ist sie zu aktiv und neugierig. Doch Unfälle sind selten, weil Katzen dank perfekter Körperbeherrschung auch kritische Situationen meist gut überstehen.

129

SPIELSCHULE

LERNEN LEICHT GEMACHT

◆

DIE NEUGIER IST KATZEN IN DIE WIEGE GELEGT. DAZU KOMMT DER SPASS AN DER SPIELERISCHEN BESCHÄFTIGUNG MIT DEM MENSCHEN. DAS IST DIE BESTE BASIS FÜR ERFOLGREICHES LERNEN.

◆

130

BIRGIT RÖDDER ist Diplom-Biologin mit Schwerpunkt Verhaltenskunde. Als »Tierpsychologin« hat sie sich auf Fragen und Probleme rund um die Partnerschaft von Katze und Mensch spezialisiert. »Viele Missverständnisse lassen sich vermeiden, wenn man die Bedürfnisse der Katze kennt und befriedigt. Dazu gehört, dass sie freundlich-fröhlich behandelt wird und ihre Spielleidenschaft und ihren Erkundungsdrang ausleben kann.«

⏩ Jungen Katzen lässt man häufig Verhaltenssünden durchgehen, die später für Ärger sorgen. Wo muss man unbedingt von Anfang an konsequent bleiben?

BIRGIT RÖDDER: Kurz gesagt, bei allem, was sie als erwachsene Katze nicht darf. Da jeder Halter unterschiedliche Vorstellungen von »Katzenetikette« hat, sind ein paar Vorüberlegungen sinnvoll. Ist es okay für mich, wenn der Sechs-Kilo-Kater an meinen Beinen hochklettert, wenn ich von meiner Katze jeden Morgen zwischen 4 und 6 Uhr geweckt werde oder wenn sie die Krallen am Sofa schärft? Katzen lernen durch Erfolgserlebnisse. Sie sollten sich daher gut überlegen, welche Aktionen schon für die junge Katze erfolgreich sind und welche nicht.

⏩ Welche Voraussetzungen sollten erfüllt sein, damit sich die Katze voll und ganz auf eine Übung konzentriert und sie erfolgreich absolviert?

BIRGIT RÖDDER: Tricks zur Beschäftigung Ihrer Katze sollten Sie zumindest am Anfang am besten in eher langweiligen Situationen trainieren, also möglichst ohne jede Ablenkung. Dann freut sich die Katze über interessanten Input und verknüpft Signale bzw. Aktionen des Menschen mit ihren eigenen und den Resultaten: Goodies oder gar nichts. Die Goodies wählen wir so, dass die Katze sich in diesem Moment darüber freut – also Leckerlis, Spiel oder Streicheln. Bei Erziehungsübungen – etwa zum Türöffnen oder geduldigen Warten auf die Fütterung – ist es besonders wichtig, dass wir genau beobachten und schnell reagieren. Nur so ermöglichen wir der Katze Erfolgserlebnisse – hier also Freigang oder Nahrung – genau dann, wenn sie sich gerade angenehm verhält, statt zum Beispiel irgendwo zu kratzen. Erwarten Sie bei beiden Übungsformen am Anfang nicht zu viel von Ihrer Katze, sie soll schließlich gern und freiwillig weiter mitspielen. Wenn sie erkennt, auf welche Weise sie gewinnt, können Sie den Spiellevel langsam und Schritt für Schritt erhöhen.

Volle Konzentration: Erfolgreich Tricks trainieren klappt nur dann, wenn die Katze nicht abgelenkt ist.

⫸ Meine fünfjährige Katzendame ist eigenwillig und macht ihrem Unmut leider oft durch Beißen Luft. Lassen sich ihre Aggressionen im gemeinsamen Spiel abbauen?

BIRGIT RÖDDER: Gemeinsame Spiele mit ihrem Menschen finden fast alle Katzen viel lustiger als Spiele mit »totem« Spielzeug. Renn- und Fangspiele mit Spielmäusen, die der Mensch an einer Schnur bewegt, eignen sich besser als Beißspiele mit der Menschenhand, weil Mieze dann durchaus schmerzhaft zubeißt, wenn ihr etwas gegen den Strich geht. Fühlt sich eine Katze schnell belästigt, hilft ein Entspannungssignal, ein Wort, das man schon sagt, bevor sie den Störenfried wegbeißen will. Geben Sie das Lautsignal immer wieder in chilligen Situationen, bevor Sie die Katze berühren, also auch vor dem Streicheln. Bald sorgt allein das Schlüsselwort dafür, dass sie umgänglicher reagiert. Unabhängig davon gehört es zum guten Ton, das Ruhebedürfnis der Katze zu respektieren.

⫸ Vom Kämmen und Bürsten ist unsere Maine Coon alles andere als begeistert. Das ist jedes Mal harte Arbeit. Kann ich sie mit einer Clickerübung bekehren?

BIRGIT RÖDDER: Neben dem Ziepen und Zupfen an ihren Haaren hassen viele Katzen das Gefühl des Ausgeliefertseins, wenn man sie bei der Fellpflege festhält. Gegen dieses Gefühl des Kontrollverlusts hilft das Clickern. Am Anfang lernt die Katze durch einfache Tricks, dass sie etwas erreichen kann: nämlich Leckerlis. Beginnen Sie dann die Pflege mit einer neuen Bürste zu einer anderen Tageszeit an einem Ort, mit dem die Katze keine schlimmen Befürchtungen verknüpft. Durchs Clickern lernt sie nun, dass sich Stillhalten lohnt. Man braucht allerdings viel Geduld.

⫸ Gibt es Spiele oder Übungen, mit denen ich einem zwölf Monate alten Angsthasen namens Mäxchen mehr Selbstbewusstsein vermitteln kann?

BIRGIT RÖDDER: Im Umgang mit Angsthasen ist eine freundliche Atmosphäre ohne Hektik wichtig. Heben Sie Ihre Hand höchstens auf Mäxchens Augenhöhe, und schauen Sie ihn nicht direkt an bzw. blinzeln Sie ihn ab und zu an (→ Tipp, rechts). Trainieren Sie einfache Tricks mit dem Clicker, um ihm Erfolgserlebnisse zu vermitteln. Er fühlt sich bald – später auch in bedrohlichen Situationen – sicherer und lernt Sie als wichtigen Teampartner kennen.

⫸ Mein Kasimir ist ein Streuner und bleibt oft lange weg. Wie entdeckt er, dass es auch zu Hause schön ist?

BIRGIT RÖDDER: Es braucht nicht viel, um Kasimir für »schöner Wohnen« zu begeistern: Katzen lieben Gemütlichkeit, aber auch Spiel, Spaß und Spannung. Kartons zum Verstecken und Spielen, gerne auch mit Papier, Laub oder Heu gefüllt, finden begeisterte Zustimmung, Baldrian- oder Catnip-Spielzeug wirkt beruhigend aber auch anregend. Intelligenzspielzeug mit einigen Leckerlis als Belohnung regt den Forscherdrang an, und Clickertraining als Geschicklichkeitsspiel zusammen mit Ihnen macht Kasimir garantiert Spaß. Und schließlich gibt's auch noch kuschelige Ruheplätze zum Chillen.

Rund um die Uhr auf Tour: Es sind vor allem Kater, denen die Lust am Streunen im Blut liegt. Es braucht aber nicht viel, um sie zu mehr Häuslichkeit zu erziehen.

TIPP

Blinzeln Sie Ihre Katze einige Male langsam an. So geben Sie das »Peace«-Zeichen, wie es auch in Katzenkreisen üblich ist. Das Blinzelsignal hat eine sehr beruhigende Wirkung.

131

KATZENPARADIES

WOHNEN DER EXTRAKLASSE

Wer seiner Katze ein Luxus-Ambiente bieten möchte, findet im Fachhandel genügend
Anregungen. Aber vielleicht wollen Sie lieber Ihrer Fantasie und
Kreativität beim Selbermachen freien Lauf lassen und die Ausstattung individuell
auf die Vorlieben Ihrer Katze und Ihre Wohnverhältnisse abstimmen?

EIN BISSCHEN LUXUS GEHT IMMER

Weit ist der Weg zur Traumwohnung für Ihre Katze nicht.
Und es braucht auch keine Villa mit 300 Quadratmetern,
um ihr die Annehmlichkeiten zu bieten, die jedes Katzenherz höher schlagen lassen. Schon mit Hängematte, Schaukel oder einem gut gepolsterten Aussichtsplatz am Fenster
haben Sie bei Ihrer Katze einen Stein im Brett (→ *Grundausstattung, Seite 28–29*). Natürlich geht noch viel mehr, bis
hin zu einem eigens für die Katze reservierten Zimmer.

*Kuschelplatz für zwei
Schmusetiger: Das
Katzenparadies muss
nicht teuer sein. Als
Hängematte tut es
auch ein flauschiges
Frottee-Badetuch.*

Vor allem im Mehr-Katzen-Haushalt machen Inventar
und Spiel- und Jobangebote für die anspruchsvollere Katze
Sinn: Zu zweit oder dritt kommen unterbeschäftigte und
gelangweilte Stubentiger nämlich schneller auf dumme
Gedanken als Solo-Katzen und erweisen sich auch als
wesentlich einfallsreicher, wenn es um die »Umgestaltung«
der Wohnung geht – sehr zum Leidwesen ihrer Besitzer.

Das Katzenparadies sollte nicht nur reinen Wohnungskatzen vorbehalten bleiben, auch Freigänger freuen sich,
wenn sie zu Hause nicht die Pfoten in den Schoß legen
müssen. So entdeckt mancher Hardcore-Streuner plötzlich
den lange verschütteten Drang zur Häuslichkeit wieder.

Super-Kratzbaum

Ein Kratzbaum gehört zu den Basics in jeder Katzenwohnung. Klettern, Krallen schärfen, von oben alles im Blick
haben: Die einfachen Ausführungen befriedigen die wichtigsten Bedürfnisse. Der Super-Kratzbaum spielt in einer
anderen Liga: Er ist mindestens 200 cm oder als verstellba-
rer Deckenspanner sogar bis zu 260 cm hoch und besteht
aus zwei, drei oder mehr dicken, mit Natursisal umwickel-
ten Stämmen mit mehreren Etagen. Auf den Etagenplatten
aus Massivholz gibt es große Liegeplätze und Kuschelbetten

LEINENTIGER AUF TOUR

Folgsam an der Leine laufen wie ein Hund? Das wäre wohl zu viel verlangt. Aber zum Kurztrip bis zur nächsten Straßenecke erklärt sich Katze durchaus bereit. Besser als nichts – besonders für Wohnungstiger, die sonst nie vor die Tür kommen.

Leinenzwang ist tabu, wenn die Katze absolut nicht will. Diese Rassekatzen gehen meist gut an der Leine: Burma, Britisch Kurzhaar und Kartäuser.

Ihre Katze darf das Brustgeschirr in aller Ruhe beschnuppern. Halten Sie ihr dann das geöffnete Brustgeschirr vors Gesicht, und zeigen Sie ihr direkt dahinter ein Leckerli. Die Katze streckt den Kopf vor, um ans Futter zu kommen, und streift dabei das Brustgeschirr ganz von selbst über. Ziehen Sie es behutsam weiter nach hinten, während Mieze sich noch mit dem Leckerbissen beschäftigt.

Wiederholen Sie die Übung an mehreren Tagen, bis Ihre Katze mit dem Brustgeschirr vertraut ist, und schnallen Sie es ihr dann so um, dass es gut sitzt. Lenken Sie Mieze mit einem Spiel ab, damit sie das ungewohnte Objekt vergisst. Legen Sie die Leine erst an, wenn die Katze das Geschirr ohne Abwehr akzeptiert. Zerren Sie nie an der Leine, und lassen Sie Ihren Leinentiger entscheiden, wohin es geht.

133

Mit Brustgeschirr auf Nummer sicher: Ein einfaches Halsband können vor allem Katzen mit voluminösem Haarkleid zu leicht abstreifen.

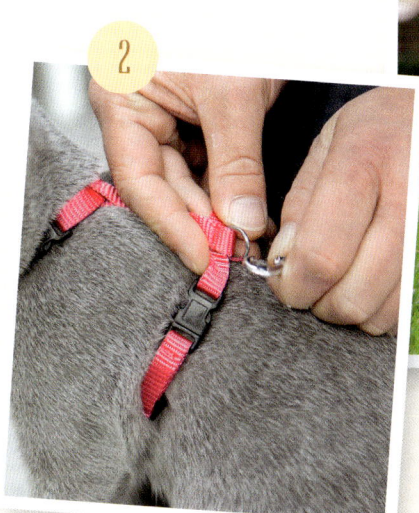

Hat sich Mieze ans Brustgeschirr gewöhnt, wird die Leine angeklickt. Bleiben Sie für die ersten Trainingsläufe noch in der Wohnung.

Kurze Wege vor die Haustür: Bei Fuß wird Ihr Leinentiger nicht gehen. Aber eine kleine Runde durch den Garten oder ein Schnupperspaziergang über die Wiese hinterm Haus ist doch auch nicht so schlecht.

mit weichen und waschbaren Polstern und Kissen, dazu Klettertaue, Spielmaterial, Hängematten und eine Schaukel. Die Deckenbefestigung (alternativ: Wandhalterung) empfiehlt sich, wenn der Kratzbaum von mehreren großen, schweren und sehr aktiven Katzen benutzt wird. Wegen der großen Höhe sollten unter den oberen Etagen Sicherheitsnetze oder Hängematten installiert werden.

Hängematte und Schaukel

Für viele Stubentiger haben Hängematten und Schaukeln einen besonderen Reiz, vor allem, wenn sie erhöht angebracht sind und auch als Beobachtungsstation dienen. Mit zwei oder drei Hängematten und Schaukeln vermeiden Sie Streitigkeiten, der bei mehreren Katzen im Haus erfahrungsgemäß häufig um diese Möbel entbrennt.

Logenplatz

Einen Platz am Fenster sollte jeder Wohnungstiger haben (→ Wohlfühlwohnwelt, Seite 30). Schließlich gibt's draußen viel zu sehen. Ihre Mieze muss sich natürlich ihr Plätzchen nicht erst zwischen den Blumentöpfen auf der Fensterbank erkämpfen, sondern darf unter mehreren für sie reservierten Aussichtsplätzen wählen. Schmale Fensterbänke kann man mit etwas handwerklichem Geschick verbreitern, ein weiches Sitz- und Liegepolster sorgt für Komfort.

Echt stylish: Mit einem Kratzbaum aus freier Natur und einfachen Mitteln, aber viel Fantasie lässt sich ohne großen Aufwand ein tolles Ambiente kreieren, das Ihre Mieze lieben wird und ganz nebenbei ein Eyecatcher in Ihrer Wohnung ist.

Höhenwanderweg

Zugegeben, er macht schon etwas Arbeit und geht sicher manchem Katzenbesitzer zu weit: ein Höhenwanderweg für Katzen, der mehrere Zimmer der Wohnung miteinander verbindet. Der massive, am besten aus Holz gefertigte Laufsteg sollte mindestens 15 cm breit sein und wird mit kleinen Querträgern weit oben an der Wand befestigt. Zur Zimmerdecke bleibt so viel Platz, dass die Katze bequem auf dem Steg laufen und sitzen kann. Der Catwalk führt über Regale und Schränke und über Wanddurchbrüche in die Nachbarzimmer. Treppen, Leitern und Kletterseile ermöglichen an mehreren Stellen den Auf- und Abstieg. Wo er frei an der Wand verläuft, schützen Sicherheitsnetze vor Abstürzen. Für einen Stubentiger lohnt der Aufwand kaum, aber für mehrere Katzen ist der Höhenwanderweg das Nonplusultra.

Designer-Schlafcouch

Ob im Fachhandel oder Internet, das Angebot an Katzenkörben, Katzensofas und Kuschelschlafhöhlen ist riesig. Eine Designer-Schlafcouch ist etwas fürs Auge – aber nur für das des Katzenhalters. Seinem vierbeinigen Liebling sind Gestaltung und Farbe ziemlich schnuppe, er freut sich viel mehr über eine kuschelige Liegefläche, genügend Platz zum Ausstrecken und eventuell etwas Sichtschutz.

Elektronische Katzenklappe

»Wir müssen leider draußen bleiben!«, heißt es für alle fremden Katzen, die nur zu gern einen Blick ins Wohnzimmer Ihres Stubentigers werfen würden. Für diese Zugangsbeschränkung ist eine Katzenklappe zuständig, die den Registrierungs-Chip Ihrer Katze (→ Info, Mikrochip, Seite 71) liest und quasi als elektronischen Schlüssel nutzt. Für jede andere Katze bleibt die Klappe verschlossen. Andere Modelle der elektronischen Katzenklappe setzen Halsbänder mit Transponder ein, die in ihrer Funktionsweise der chipgesteuerten Klappe entsprechen. Die Katzenklappe kann in Wände, Türen oder Fenster eingebaut werden.

Falls Ihre Katze in den ersten Tagen mit dem Klappenmechanismus Probleme hat, arretieren Sie die Klappe in Offenstellung, damit sie sich an den Durchschlupf gewöhnt.

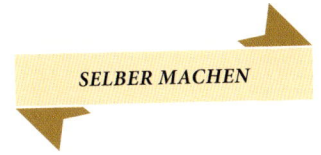

BUDDELKISTE

Ein Pappkarton lässt sich im Handumdrehen zur Buddelkiste umfunktionieren, die ihre
Geheimnisse erst lüftet, wenn die Katze mit Ausdauer und Geschick auf
Angeltour geht. Für Wühlaktionen im Garten eignet sich eine wetterfeste Holzkiste.

SIE BRAUCHEN:

stabilen Pappkarton, zum Beispiel einen Umzugskarton mit
ca. 50 x 40 x 35 cm (Breite x Höhe x Tiefe). Außerdem Teppichmesser, Zeitungspapier, Knabbersticks und andere
Leckerlis, sowie kleine Sisal-, Plüsch- oder Wollbälle, die
sich gut mit den Krallen greifen lassen.

1 Die Deckelklappen abschneiden oder nach innen
umschlagen, um den Karton stabiler zu machen. Schneiden Sie an den Schmalseiten (vom oberen Rand aus) Einstiegsöffnungen von ca. 15 x 15 cm aus, damit auch kleine
Katzen in die Buddelkiste springen können. Anschließend
mit dem Cutter in die Breitseiten des Kartons je zwei kreisrunde Löcher mit ca. 8 cm Durchmesser 4–5 cm über dem
unteren Rand ausschneiden. Auf den Kartonboden dicke
Pappe oder ein Brett legen, damit der Karton nicht
umkippen kann.

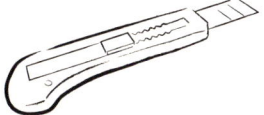

2 Karton bis zur Höhe der Einstiegsöffnungen mit Zeitungspapierschnitzeln füllen. Anschließend Leckerlis
und Bälle in der Buddelkiste verstecken.

3 Demonstrieren Sie Ihrer Spielpartnerin, wie man in den
Papierschnitzeln wühlt. Zeigen Sie ihr ein Leckerli oder
einen Ball und legen die Objekte in ihrem Beisein in die
Kiste. Je nach Geschick und Laune wird die Katze entweder
direkt in den Karton springen oder vom Kartonrand aus in
der Füllung wühlen bzw. mit der Pfote in den seitlichen
Löchern nach den Goodies angeln.

135

AKROBAT SCHÖÖÖN!

CLICKERN FÜR DIE GROSSE TALENTSHOW

Mit vielen Clickerübungen können Sie sich und Ihrer Katze den Alltag erleichtern.
Aber Clickern ist auch ein wunderbarer und einfacher Weg, um Mieze
ein paar Tricks beizubringen, die ihr und Ihnen garantiert eine Menge Spaß machen.

PFÖTCHEN GEBEN

Die Katze soll die linke Pfote heben und in Ihre Hand legen. Dazu brauchen Sie den Clicker und mehrere Leckerlis. Gehen Sie dafür in die Hocke oder auf die Knie.

◉ Warten Sie, bis Ihre Katze das linke Vorderbein entlastet oder die Pfote vom Boden anhebt: sofort klicken und belohnen, selbst wenn die Pfote nur ein paar Millimeter vom Boden entfernt ist.

◉ Nach mehreren Wiederholungen merkt Mieze, dass Pfote heben, Klick und Futter etwas miteinander zu tun haben, und hebt die Pfote von sich aus höher.

◉ Halten Sie der Katze jetzt Ihre rechte Hand mit der nach oben zeigenden offenen Handfläche hin, und klicken und belohnen Sie wieder jedes Anheben der Pfote. Danach immer dann, sobald sich die erhobene Pfote Ihrer Hand nähert. Und schließlich, wenn der Stubentiger mit seiner linken Pfote die Handfläche berührt. Für diese besondere Leistung gibt es viele Leckerlis.

◉ Achten Sie darauf, nur beim Heben der Pfote und nicht beim Absenken zu klicken. Sobald die Pfote die Hand berührt, können Sie ein Wortsignal einführen.

REIFENSPRUNG

Die Katze soll von Stuhl zu Stuhl und dabei durch einen Reifen springen. Wählen Sie am Anfang einen Reifen mit möglichst großem Durchmesser. Für die Übung brauchen Sie den Clicker, zwei Stühle, einen Reifen und Leckerlis.

◉ Stühle aneinanderschieben und den Reifen dazwischen halten. Geht die Katze von Stuhl zu Stuhl und dabei durch den Reifen, klicken Sie und geben ihr ein Leckerli.

◉ Den Abstand zwischen den Stühlen vergrößern und den Reifen leicht anheben. Jetzt muss Mieze von Stuhl zu Stuhl und durch den Reifen springen. Wieder klicken und belohnen.

◉ Geben Sie schließlich beim Absprung noch zusätzlich das Lautsignal »Jump!«.

Der Reifensprung kann auch auf dem Boden trainiert werden. Belohnt wird die Akteurin nach jedem Sprung.

137

AUF ZURUF KOMMEN

Ihre Katze soll zu Ihnen kommen, wenn Sie pfeifen oder sie beim Namen rufen. Vorübung: Sagen Sie ihren Namen. Dreht sie den Kopf in ihre Richtung, klicken Sie und geben ihr ein Leckerli. Wiederholen, bis Mieze Sie zuverlässig anschaut.

◉ Die Katze steht oder sitzt 1 bis 2 Meter von Ihnen entfernt. Sprechen Sie sie zum Beispiel mit »Miez, komm!« an. Sobald sie Blickkontakt mit Ihnen aufnimmt, schütteln Sie einen Futterkarton, oder klopfen Sie sich auf den Oberschenkel, um sie zum Herkommen zu animieren. Sobald Sie den ersten Schritt in Ihre Richtung macht, erfolgt der Klick. Bei Ihnen angekommen, gibt es das Leckerli.

◉ Gehen Sie jetzt einige Schritte rückwärts. Folgt die Katze, klicken Sie, und belohnen Sie sie mit einem Leckerli.

◉ Üben Sie später mit Ablenkungen, zum Beispiel wenn sich die der Stubentiger anderweitig beschäftigt oder keinen Sichtkontakt zu Ihnen hat.

◉ Führen Sie schließlich das Signal »Miez, komm!« und Pfiff ein. Sobald die Katze zu Ihnen läuft, folgt der Klick, und es gibt die Belohnung.

ADRESSEN & LITERATUR

Die Inhalte dieses Buches beziehen sich auf die Bestimmungen des deutschen Tier- bzw. Artenschutzes. In anderen Ländern können die Angaben abweichen. Erkundigen Sie sich im Zweifelsfall bitte bei Ihrem Zoofachhändler oder bei der entsprechenden Behörde.

VERBÄNDE & VEREINE

Deutscher Tierschutzbund e. V., Baumschulallee 15, 53115 Bonn, www.tierschutzbund.de

Österreichischer Tierschutzverein, Berlagasse 36, A-1210 Wien, Tel. 0043-1-8973346, www.tierschutzverein.at

Schweizer Tierschutz (STS), Dornacherstr. 101, CH-4018 Basel, www.tierschutz.com

Fédération Internationale Féline (FIFe), L-2015 Luxembourg, www.fifeweb.org

1. Deutscher Edelkatzenzüchter-Verband e. V. (1. DEKZV), Mühlweg 4, 35614 Aßlar, www.dekzv.de

Deutsche Rassekatzen-Union e. V. (D.R.U.), Geschäftsstelle: Hauptstr. 21, 56814 Landkern, www.dru.de

Deutsche Edelkatze e. V., Geisbergstr. 2, 45139 Essen, www.deutsche-edelkatze.de

Österreichischer Verband für die Zucht und Haltung von Edelkatzen (ÖVEK), Liechtensteinstr. 126, A-1090 Wien, www.oevek.org

Fédération Féline Helvétique (FFH), Alfred Wittich (Präsident), Büntacher 22, CH-5626 Hermetschwil, www.ffh.ch

Tierärztliche Vereinigung für Tierschutz e. V. (TVT), Geschäftsstelle: Bramscher Allee 5, 49565 Bramsche, www.tierschutz-tvt.de

BPT – Bundesverband praktizierender Tierärzte e. V., www.smile-tierliebe.de

Gesellschaft für ganzheitliche Tiermedizin e. V. (GGTM), Mooswaldstr. 7, 79227 Schallstadt, Tel. 07664-40363810, www.ggtm.de

Gesellschaft für Tierverhaltensmedizin und -therapie (GTVMT), www.gtvmt.de (mit bundesweiter Liste praktizierender Tierverhaltensmediziner)

Verband der Tierpsychologen und Tiertrainer e. V., Achtern Dieck 6, 24576 Bad Bramstedt, www.vdtt.org

Forschungskreis Heimtiere in der Gesellschaft, Postfach 110728, 28087 Bremen, www.mensch-heimtier.de

REGISTRIERUNG VON KATZEN

Deutsches Haustierregister, Deutscher Tierschutzbund e. V., Baumschulallee 15, 53115 Bonn, Servicetelefon (24 Stunden erreichbar) 0228-6049635, www.registrier-dein-tier.de

Internationale Zentrale Tierregistrierung (IFTA), Nördliche Ringstr. 10, 91126 Schwabach, Tel. 00800-43820000 (kostenlos), www.tierregistrierung.de

TASSO e. V., Abt. Haustierzentralregister, 65784 Hattersheim, Tel. 06190-937300, E-Mail: info@tasso.net, www.tasso.net

FRAGEN ZUR HALTUNG VON KATZEN BEANTWORTEN

Ihr Zoofachhändler und der Zentralverband Zoologischer Fachbetriebe Deutschlands e. V. (ZZF), Tel. 0611-44755332 (nur Telefonauskunft möglich: Mo 12–16, Do 8–12 Uhr), www.zzf.de

URLAUBSSERVICE & CATSITTER

Urlaubs-Beratungsservice des Deutschen Tierschutzbundes, Tel. 0228-60496-27, Mo–Do 9–17, Fr 10–16 Uhr

Verband Deutscher Haushüter-Agenturen e. V. (VDHA), www.haushueter.org

TIERKRANKENVERSICHERUNG

Uelzener Krankenversicherung, Postfach 2163, 29511 Uelzen, www.uelzener.de

Allianz, Königinstr. 28, 80802 München, www.katzeundhund.allianz.de

Agila Haustierversicherung AG, Breite Str. 6–8, 30159 Hannover, www.agila.de

KATZEN IM INTERNET

www.schmusekatzen.de Infos und Tipps
www.welt-der-katzen.de Rassen, Praxis
www.netz-katzen.de Forum und Infos
www.mietzmietz.de Vermittlung, Forum
www.katzenpension.de Tierpensionen
www.tierklinik.de Portal Tiermedizin
www.katzenportal.net Medizin
www.botanikus.de Informationen über giftige Pflanzen

LITERATUR

Deiser, Rudolf: **Naturheilpraxis Katzen.** Gräfe und Unzer Verlag, München

Dillitzer, Natalie u. Fritz, Julia u. Kölle, Petra u. Liesegang, Annette: **Tierärztliche Ernährungsberatung.** Urban Fischer Verlag, München

Fischer, Elke: **Homöopathie für Katzen.** Gräfe und Unzer Verlag, München

Kieffer, Birgit: **Meine Katze macht was sie will.** Gräfe und Unzer Verlag, München

Kübler, Heidi: **Quickfinder Katzenkrankheiten.** Gräfe und Unzer Verlag, München

Kübler, Heidi: **Schüßler-Salze für Katzen.** Gräfe und Unzer Verlag, München

Ludwig, Gerd: **Katzen – Das große Praxishandbuch.** Gräfe und Unzer Verlag, München

Rödder, Birgit: **Katzen Clicker-Box.** Gräfe und Unzer Verlag, München

Rüssel, Katja: **Katzen – Clickertraining.** Gräfe und Unzer Verlag, München

Streicher, Michael: **Katzen gesund ernähren.** Gräfe und Unzer Verlag, München

ZEITSCHRIFTEN

Die edelkatze. Verbandszeitschrift des 1. DEKZV (→ Verbände & Vereine)
Geliebte Katze. Ein Herz für Tiere Media GmbH, Ismaning

Our cats. Das Katzenmagazin. Minerva-Verlag, Mönchengladbach

WICHTIGE HINWEISE

Die Haltungsempfehlungen und Praxistipps in diesem Buch beziehen sich auf gesunde, normal entwickelte Jungtiere aus liebevoller Privathaltung oder guter Zucht. Wer eine erwachsene Katze zu sich nimmt, muss wissen, dass sie ihre Gewohnheiten nicht ohne Weiteres aufgibt. Er sollte die Katze in der bisherigen Umgebung kennenlernen. Bei Tierheimkatzen geben Ihnen Tierheimleiter und Pflegepersonal Auskunft über die Vorgeschichte der Katze, ihre Persönlichkeit und Eigenheiten. Mit Katzen, die durch viele Hände gingen und schlechte Erfahrungen mit Menschen gemacht haben, sind Anfänger überfordert.

INFO

Die Clickerübungen auf S. 55 und S. 136–137 wurden leicht verändert dem GU-Ratgeber **Katzen – Clickertraining** von Katja Rüssel entnommen. Die Rezepte auf S. 77 und S. 91 stammen aus dem GU-Ratgeber **Katzen gesund ernähren** von Michael Streicher.

DANK

Autor und Verlag danken **Dr. Natalie Dillitzer, Dr. Heidi Kübler, Birgit Rödder, Katja Rüssel** und **Jana Weichelt** für die Beantwortung der Fragen auf den Interviewseiten sowie **DaWanda** und den Herstellern für die gute Zusammenarbeit bei den DIY-Anleitungen.

REGISTER

BILDNACHWEIS

Cover: **Jana Weichelt**
Alamy: 70; **Animals-digital:** 132, U4-1;
Animal-photography.com: 22-2;
Michael Brauner: 77, 91; **Corbis:** 93;
Tatjana Drewka: 14, 24-3, 48, 74, 96,
103, 115; **F1online:** 66, 122-2; **Flora-press:** 134; **Gettyimages:** 2, 4-2, 5, 9,
10-1, 11-1, 11-2, 13, 16, 18, 22-1, 23-2,
23-3, 34, 37-1, 42,43,46-2, 47, 50, 53-1,
53-2, 59, 75, 85-2, 98, 106, 119, 120, 121,
124-1, U4-2; **Oliver Giel:** 15, 32, 39, 67,
76, 104, 127, 135, 137-3; **Bernhard
Haselbeck:** 40, 41, 56, 57; **Juniors:** 44;
Mauritius: 49, 126; **Okapia:** 25-1; **Pfo-tenblitzer:** 12-1, 118; **Picture Alliance:**
131-2, U4-3; **Picture Press:** 71; **Plain-picture:** 12-2, 17, 51, 52, 73, 117-2; **pri-vat:** 36, 84, 108, 130; **Shutterstock:** 21-1,
22-3, 25-3, 83, 102, 109-2, 128; **Stocksy:**
8, 21-2, 24-2, 27, 30, 65; **Tierfotoagen-tur:** 109-1, 122-1; **Monika Wegler:** 87,
123-1, 123-2; **Jana Weichelt:** 4-1, 6, 7,
10-2, 23-1, 24-1, 26, 28, 29, 33, 35, 37-2,
45, 46-1, 54, 55, 58, 60, 61, 62, 63, 68, 69,
72, 78, 79, 80, 82, 85-1, 86, 88, 89, 94, 95,
97, 99, 100, 110, 111, 113, 114, 117-1,
124-2, 128, 131-1, 133, 136, 137-1, 137-2; **Zoonar:** 25-2, 53-3, 92.
Alle Illustrationen stammen von
Claudia Lieb.

Die werden Sie auch lieben.

ISBN 978-3-8338-4144-6

ISBN 978-3-8338-3945-0

ISBN 978-3-8338-3465-3

ISBN 978-3-8338-3635-0

ISBN 978-3-8338-2410-4

ISBN 978-3-8338-4238-2

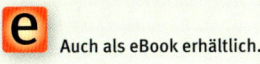 Auch als eBook erhältlich.

Mehr von GU auf **www.gu.de** und
facebook.com/gu.verlag

Willkommen im Leben.

IMPRESSUM

DER AUTOR

Dr. Gerd Ludwig ist Zoologe, Journalist und Autor. Für den Gräfe und Unzer Verlag hat er mehrere Ratgeber zur Haltung von Katzen geschrieben, zuletzt »Katzen – Das große Praxishandbuch«.

DIE FOTOGRAFEN

Jana Weichelt ist Tierfotografin aus Leidenschaft. Sie arbeitet selbstständig als Bildautorin für verschiedene Verlage. Weitere Infos finden Sie unter: www.kalenderfoto.de.

Oliver Giel hat sich zusammen mit Eva Scherer auf die Bildproduktion von Tier- und Naturthemen spezialisiert. Ihre Arbeiten kommen neben Büchern auch in Zeitschriften, Kalendern und der Werbung zum Einsatz. Ein umfangreiches Bildarchiv und weitere Infos gibt es unter: www.tierfotograf.com.

Syndication: www.jalag-syndication.de

© 2015 GRÄFE UND UNZER VERLAG GmbH, München

Projektleitung: Cornelia Nunn
Lektorat: Anne-Kathrin Wahler, Bookwise GmbH, München
Bildredaktion: Adriane Andreas, Petra Ender
Korrektorat: Andrea Lazarovici
Layout, Typografie und Umschlaggestaltung: independent Medien-Design, Horst Moser, München
Herstellung: Susanne Mühldorfer
Satz: Ludger Vorfeld
Repro: Longo AG, Bozen
Druck und Bindung:
Printer Trento s.r.l., Trento

Umwelthinweis: Dieses Buch ist auf PEFC-zertifiziertem Papier aus nachhaltiger Waldwirtschaft gedruckt.

ISBN 978-3-8338-4422-5

1. Auflage 2015

QUALITÄTS
G|U
GARANTIE

Liebe Leserin, lieber Leser,
haben wir Ihre Erwartungen erfüllt? Sind Sie mit diesem Buch zufrieden? Haben Sie weitere Fragen zu diesem Thema? Wir freuen uns auf Ihre Rückmeldung, auf Lob, Kritik und Anregungen, damit wir für Sie immer besser werden können.

GRÄFE UND UNZER Verlag
Leserservice
Postfach 86 03 13
81630 München
E-Mail:
leserservice@graefe-und-unzer.de

Telefon: 00800 / 72 37 33 33*
Telefax: 00800 / 50 12 05 44*
Mo–Do: 8.00–18.00 Uhr
Fr: 8.00–16.00 Uhr
(* gebührenfrei in D, A, CH)

Ihr GRÄFE UND UNZER Verlag
Der erste Ratgeberverlag – seit 1722.

 www.facebook.com/gu.verlag

GRÄFE
UND
UNZER

Ein Unternehmen der
GANSKE VERLAGSGRUPPE